essentials

Essentials liefern aktuelles Wissen in konzentrierter Form. Die Essenz dessen, worauf es als „State-of-the-Art" in der gegenwärtigen Fachdiskussion oder in der Praxis ankommt. *Essentials* informieren schnell, unkompliziert und verständlich

- als Einführung in ein aktuelles Thema aus Ihrem Fachgebiet
- als Einstieg in ein für Sie noch unbekanntes Themenfeld
- als Einblick, um zum Thema mitreden zu können

Die Bücher in elektronischer und gedruckter Form bringen das Fachwissen von Springerautor*innen kompakt zur Darstellung. Sie sind besonders für die Nutzung als eBook auf Tablet-PCs, eBook-Readern und Smartphones geeignet. *Essentials* sind Wissensbausteine aus den Wirtschafts-, Sozial- und Geisteswissenschaften, aus Technik und Naturwissenschaften sowie aus Medizin, Psychologie und Gesundheitsberufen. Von renommierten Autor*innen aller Springer-Verlagsmarken.

Joachim Schlegel

Nichtrostender martensitischer Stahl

Ein Stahlporträt

Joachim Schlegel
Hartmannsdorf, Sachsen
Deutschland

ISSN 2197-6708 ISSN 2197-6716 (electronic)
essentials
ISBN 978-3-658-44269-9 ISBN 978-3-658-44270-5 (eBook)
https://doi.org/10.1007/978-3-658-44270-5

Die Deutsche Nationalbibliothek verzeichnet diese Publikation in der Deutschen Nationalbibliografie; detaillierte bibliografische Daten sind im Internet über http://dnb.d-nb.de abrufbar.

Planung/Lektorat: Frieder Kumm
Springer Vieweg ist ein Imprint der eingetragenen Gesellschaft Springer Fachmedien Wiesbaden GmbH und ist ein Teil von Springer Nature.
Die Anschrift der Gesellschaft ist: Abraham-Lincoln-Str. 46, 65189 Wiesbaden, Germany

Das Papier dieses Produkts ist recycelbar.

Was Sie in diesem *essential* finden können

Nichtrostende martensitische Stähle:

- Zur Geschichte
- Bezeichnungen, chemische Zusammensetzungen und Sorten
- Gefüge und Eigenschaften
- Herstellung
- Anwendungen
- Werkstoffdaten

Vorwort

Stahl ist unverzichtbar, wiederverwertbar und hat eine ganz besondere Bedeutung: In unserer modernen Industriegesellschaft ist Stahl der Basiswerkstoff für alle wichtigen Industriebereiche und auch die globalen Megathemen von heute, wie Klimawandel, Mobilität und Gesundheitswesen, sind ohne Stahl nicht lös- bzw. nicht beherrschbar.

Beeindruckend ist die schon über 5000 Jahre währende Geschichte des Eisens und der Stahlerzeugung. Die Welt des Stahls ist inzwischen erstaunlich vielfältig und so komplex, dass sie in der Praxis nicht leicht zu überblicken ist (Schlegel, 2021). In Form von *essentials* zu Porträts von ausgewählten Stählen und Stahlgruppen soll dem Leser diese Welt des Stahls nähergebracht werden; kompakt, verständlich, informativ, strukturiert mit Beispielen aus der Praxis und geeignet zum Nachschlagen.

Das vorliegende *essential* beschreibt aus der Gruppe der rost-, säure- und hitzebeständigen Stähle die **nichtrostenden martensitischen Stähle.** Sie bieten eine ausgezeichnete Kombination aus hoher Festigkeit und Härte bei guter Korrosionsbeständigkeit; und diese Kombination kann durch die Wärmebehandlungen Vergüten (Härten und Anlassen) sowie Ausscheidungshärten den unterschiedlichen Anforderungen bei der Anwendung angepasst werden. Dieser Vorteil sichert den nichtrostenden martensitischen Stählen ein breites Einsatzgebiet vor allem im Automobil- und Maschinenbau, im Bauwesen, bei der Öl- und Gasgewinnung, in Wasserkraftwerken, in der Medizintechnik und Uhrenindustrie, aber auch für Schneidwaren wie Messer und Klingen.

Wissenswertes über diese Stähle fast dieses *essential* zusammen.

Für die Motivation, Betreuung und Unterstützung danke ich Herrn Frieder Kumm M.A., Senior Editor vom Lektorat Bauwesen des Verlages Springer

Vieweg. Herrn Dipl.-Ing. Torsten Heymann, Geschäftsführer der BGH Edelstahl Lugau GmbH, sowie Herrn Dr.-Ing. Till Schneiders bin ich dankbar für ihre fachliche Unterstützung bei der Erarbeitung und Sichtung des Manuskripts. Und meinem Bruder, Dr.-Ing. Christian Schlegel, danke ich für seine Hilfe beim Korrekturlesen.

Hartmannsdorf, Deutschland   Dr.-Ing. Joachim Schlegel

Inhaltsverzeichnis

1 Grundlagen 1

  1.1 Was ist ein martensitischer Stahl? 1

  1.2 Zur Geschichte 3

  1.3 Einordnung im Bereich der nichtrostenden Edelstähle 5

  1.4 Bezeichnungen 5

2 Chemische Zusammensetzungen und Sorten 11

  2.1 Legierungselemente in nichtrostenden martensitischen Stählen ... 11

  2.2 Sorten 15

3 Gefüge und Eigenschaften 19

  3.1 Gefüge 19

  3.2 Mechanische Eigenschaften 21

  3.3 Korrosionsbeständigkeit 22

  3.4 Physikalische Eigenschaften 25

  3.5 Technologische Eigenschaften 26

4 Herstellung 29

  4.1 Schmelzmetallurgische Erzeugung 29

  4.2 Pulvermetallurgische Erzeugung 30

  4.3 Umformen 31

  4.4 Wärmebehandeln 32

  4.5 Adjustagearbeiten 36

  4.6 Mechanische Bearbeitung 37

  4.7 Oberflächenveredeln 37

5 Anwendungen 39

6   Werkstoffdaten   43

Was Sie aus diesem *essential* mitnehmen können   71

Literatur   73

Grundlagen

1

1.1 Was ist ein martensitischer Stahl?

Wie alle technischen Metalle ist auch der Werkstoff Stahl vielkristallin, also aus einzelnen Kristallgittern aufgebaut. Deren Modifikationen werden im Stahl durch das Basiselement Eisen bestimmt. Reines Eisen kommt als kubisch-raumzentriertes α-Eisen (Ferrit) und oberhalb 911 °C als kubisch-flächenzentriertes γ-Eisen (Austenit) vor (Bleck, 2010).

Die martensitischen Stähle entstehen durch eine Umwandlungshärtung: Beim schroffen Abschrecken von bis auf Austenitisierungstemperatur erhitztem Stahl, z. B. beim Eintauchen in ein Wasserbad, besteht für das üblicherweise Umklappen der flächenzentrierten in die raumzentrierte Würfelgitterstruktur keine Zeit für einen geordneten Platzwechsel der Kohlenstoffatome. Es entsteht aus dem kubisch-flächenzentrierten Gitter (Austenit) eine tetragonal verzerrte Gitterstruktur, wie in Abb. 1.1 dargestellt.

Diese Gitterstruktur kann man als einen „Zwangszustand des Gitters" annehmen. Er wird im Gefüge in Form der in den Austenitkristallen entstandenen Martensitplatten deutlich. Die Abb. 1.2 zeigt anhand eines Schliffbildes ein derartiges Martensitgefüge des Stahls 1.4006 - X12Cr13. *Adolf Martens* (1850–1914) entdeckte zuerst diese Strukturen im Stahl, die fortan als „martensitisch" bezeichnet werden. Und darauf bezieht sich auch die Bezeichnung *martensitischer Stahl.*

Viele unlegierte und legierte Stähle (Vergütungsstähle, Werkzeugstähle) können durch Umwandlungshärten gehärtet, also in ein hartes martensitisches Gefüge versetzt werden. Der Kohlenstoffgehalt spielt dabei eine wichtige Rolle: Der zu härtende Stahl muss mindesten 0,2 Masse-% aufweisen. Diese Stähle sind alle

Abb. 1.1
Martensit – tetragonal
raumzentriertes
Würfelgitter

Eisenatom

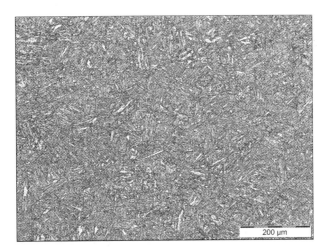

200 µm

Abb. 1.2 Typisches martensitisches Gefüge, Stahl 1.4006 – X12Cr13 (Schliffbild: BGH Edelstahl Freital GmbH)

nicht korrosionsbeständig und werden in der Stahlpraxis als Edelbaustähle, nicht als martensitische Stähle bezeichnet.

Im Rahmen dieses *essentials* wird nachfolgend der Schwerpunkt nur auf die nichtrostenden martensitischen Stähle gelegt.

1.2   Zur Geschichte

Die Geschichte der martensitischen Stähle ist eng mit der Geschichte von Eisen und Stahl und den schon frühzeitig begonnenen Versuchen verbunden, Stahl härter zu machen. Und die Geschichte der Metallurgie nichtrostender Stähle prägte schließlich auch die speziellen nichtrostenden martensitischen Stähle.

In der vorchristlichen Zeit begann die Erzeugung von Eisenschwamm im Rennofen. Bei diesem metallurgischen Prozess wurde der Eisenschwamm aufgekohlt und somit härtbar. Später und bis ins heutige Zeitalter mit der Entwicklung und Nutzung der Hochofentechnologie musste bei dem erzeugten hochkohlenstoffhaltigen Roheisen durch Frischen der Kohlenstoffgehalt auf ein für das Schmieden und Härten geeignetes, geringeres Niveau abgesenkt werden (Berns, 2002).

Lange Zeit war die Erzielung einer hohen Härte durch Abschrecken des Stahls aus der Rotglut geheimnisvoll und mit Aberglauben umwoben. In der Antike und im Mittelalter veranlassten vor allem die harten, strategisch wichtigen Waffen, dass die Schmiede vielfältige Härtungsversuche ausführten. Das Verständnis zu den Vorgängen bei der Stahlhärtung begann mit den Arbeiten von *René-Antoine Ferchault de Réaumur* (1683–1757). Schließlich konnten ab 1856 die eingeführten legierten Baustähle auch mit dickeren Querschnitten gut gehärtet werden. Die Grundlagen für neue Härtetechniken waren gelegt und ab der Schwelle zum 20. Jahrhundert spricht man von einer modernen Härterei, also von einer Wärmebehandlung ohne Alchimie und Metaphysik (Berns, 2002).

Bis zum Nachweis der Wirkung des Kohlenstoffs im Stahl um 1816 waren auch schon die später so wichtigen metallischen Legierungselemente für martensitische Stähle entdeckt, wie 1751 das Nickel (Ni), 1781 das Molybdän (Mo), 1801 das Vanadium (V) und schließlich um 1854 das Chrom. Etwa ab 1850 begann die Erforschung der Wirkung von Wolfram, Chrom und Molybdän (Karbidbildner) sowie von weiteren Legierungselementen im Stahl. Und 1912 gelang dem Chemiker und Metallurgen *Eduard Maurer* (1886–1969) und seinem Abteilungschef, Professor *Benno Strauß* (1873–1944), an der Chemisch-Physikalischen Versuchsanstalt der Friedrich-Krupp-Aktiengesellschaft die Entwicklung eines nichtrostenden Stahls. Sie experimentierten mit verschiedenen, mit Chrom und Nickel legierten Stählen und ahnten sicher noch nicht, dass mit ihrer „*Versuchsschmelze 2 Austenit (V2A)*" der Durchbruch in der Metallurgie nichtrostender Stähle gelang. Diese Versuchsschmelze wies 18 Masse-% Chrom und ca. 8 Masse-% Nickel auf und entsprach dem Legierungstyp **18/8**-1.4300 (X12CrNi18-8). Fortan galten *Maurer* und *Strauß* als die Wegbereiter des großtechnischen

Einsatzes von rostfreiem Stahl in Deutschland. Ein derartig neuer, austenitischer und korrosionsbeständiger Stahl erhielt den Namen „Nirosta" von nicht
rostendem Stahl. Und als Nachfolger vom **18/8** wird heute der wegen seiner Anteile an Chrom und Nickel **18/10**-1.4301 (X5CrNi18-10) genannte Stahl
hergestellt.

Als nichtrostende Stähle gelten Stähle mit mindestens 10,5 Masse-% Chrom
und weniger als 1,2 Masse-% Kohlenstoff. Sie bilden ohne einen zusätzlichen
Oberflächenschutz unter Einwirkung von Sauerstoff eine unsichtbare Passiv-
schicht. Die sich daraus ergebenden vielfältigen Einsatzgebiete führten zur
Entwicklung einer Vielzahl von nichtrostenden Stählen mit austenitischen, ferritischen, austenitisch-ferritischen (Duplexstähle) und auch mit martensitischen
Gefügen. Die hohe Härte und Festigkeit verbunden mit einer guten Korrosionsbeständigkeit sichert den nichtrostenden martensitischen Stählen fortan im Markt
der nichtrostenden Stähle spezielle, nachhaltige Anwendungen als Messer- und
Klingenstahl sowie als Hochleistungsstahl für den Maschinen- und Werkzeugbau.
Die in Verbindung mit der hohen Härte stehende schwierigere Spanbarkeit martensitischer Stähle wurde in den letzten Jahren durch die Entwicklung von Sorten
mit verbesserter Spanbarkeit gelöst. Und der im Vergleich zu austenitischen Stählen wesentlich geringere Nickelgehalt nichtrostender martensitischer Stähle stellt
in der Praxis einen Kostenvorteil dar (Chrom ist preisstabiler als Nickel!).

Die Weiterentwicklung nichtrostender martensitischer Stähle brachte in den
letzten Jahren neue Sorten für spezielle Anwendungen auf den Markt. Zu nennen sind zum Beispiel die martensitischen Ventilstähle (1.4718 und 1.4748), die
Messerstähle (1.4108 und 1.4116) und auch herstellerspezifische Stähle, die noch
nicht in Normen erfasst sind, sowie weitere martensitische Stähle mit Stickstoffzusatz (Hamano et al., 2007). Stickstoff erhöht die Beständigkeit gegen
Lochkorrosion und verbessert die mechanischen Eigenschaften. Typische Anwendungen dieser Sorten mit Stickstoffzusatz sind bei Schneidwaren und Kugellagern
zu finden.

Nach (Singh & Nanda, 2013) werden in der Öl-, Gas- und Automobilindustrie zunehmend supermartensitische Edelstähle mit herausragenden mechanischen
Eigenschaften und hoher Korrosionsbeständigkeit zum Einsatz kommen. Diese
betreffen „Super-13-Sorten" mit 13 % Chrom, 5 % Nickel und 2 % Molybdän
sowie die „Super-17-Sorten" mit 17 % Chrom, 5 % Nickel, 2,5 % Molybdän und
2,5 % Kupfer.

Nichtrostende Edelstähle

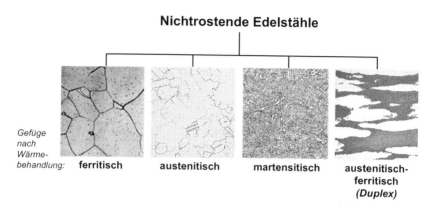

Gefüge nach Wärme-behandlung: **ferritisch**   **austenitisch**   **martensitisch**   **austenitisch-ferritisch**
                                                                                                     (Duplex)

Abb. 1.3   Einordung der martensitischen Stähle nach dem Gefüge in der Gruppe der nicht-rostenden Edelstähle. (Schliffbilder: BGH Edelstahl Freital GmbH)

1.3   Einordnung im Bereich der nichtrostenden Edelstähle

Die nichtrostenden martensitischen Stähle zählen zur Gruppe der rost- und säurebeständigen Stähle (DIN EN 10.088 T1 bis T5). Diese umfasst nach dem Gefüge die ferritischen, austenitischen und martensitischen Stähle sowie die ferritisch-austenitischen Duplex-Stähle, schematisch dargestellt in Abb. 1.3. Die nichtrostenden ferritischen und austenitischen Stähle sowie die Duplexstähle werden in gesonderten *essentials* vorgestellt.

1.4   Bezeichnungen

Werkstoffnummern

Sie werden durch die Europäische Stahlregistratur vergeben und bestehen aus der Werkstoffhauptgruppennummer (erste Zahl mit Punkt: 1 für **Stahl**), den Stahlgruppennummern (zweite und dritte Zahl) sowie den Zählnummern (vierte und fünfte Zahl).

Die nichtrostenden martensitischen Stähle sind gemäß EN 10.027-2 (Bezeichnungssystem für Stähle) zu finden im Bereich der legierten, chemisch beständigen Stähle mit folgenden Gruppennummern:

Stahlgruppen-Nr.	Stahlsorte/Legierungselemente
1. 40XX	nichtrostende Stähle mit <2,5 Masse-% Ni, ohne Mo
1. 41XX	nichtrostende Stähle mit <2,5 Masse-% Ni, mit Mo
1. 43XX	nichtrostende Stähle mit ≥2,5 Masse-% Ni, ohne Mo
1. 44XX	nichtrostende Stähle mit ≥2,5 Masse-% Ni, mit Mo
1. 45XX	nichtrostende Stähle mit Sonderzusätzen (z. B. Ti, Nb, Cu)
1. 47XX	hitzebeständige Stähle mit <2,5 Masse-% Ni
1. 49XX	hochwarmfeste Stähle

Stahlkurznamen

Sie geben Hinweise zur chemischen Zusammensetzung der Stähle. Die Stahlkurznamen bestehen aus Haupt- und Zusatzsymbolen, die jeweils Buchstaben (z. B. chemische Symbole) oder Zahlen (für Gehalte der Legierungselemente) sein können. Diese Angaben unterscheiden sich bei unlegierten, legierten und hochlegierten Stählen sowie bei Schnellarbeitsstählen (Langehenke, 2007). Bei hochlegierten Stählen gilt, dass sie mindestens ein Legierungselement mit einem Massenanteil von ≥5 % enthalten. Zu diesen Stählen zählen auch die nichtrostenden martensitischen Stähle. Sie werden mit einem **X** am Anfang des Kurznamens gekennzeichnet. Danach folgen der Kohlenstoffgehalt, grundsätzlich multipliziert mit dem Faktor 100, und die weiteren Legierungselemente mit ihren chemischen Kurzzeichen. Dabei erfolgt die Angabe der Legierungselemente in der Reihenfolge beginnend mit dem höchsten Gehalt. Daran schließen sich die jeweils zu den Legierungselementen zugehörigen Masseanteile an. *Beispiel* X39CrMo17-1 (1.4122): Ein nichtrostender martensitischer Stahl mit hohem Chromanteil bis zu 17 Masse-% und ca. 1 Masse-% Molybdän.

Bezeichnungen nach internationalen Normen

Stainless Steel (vom Englischen *verfärbungsfrei, makellos*) ist die international verbreitete Bezeichnung für korrosionsbeständigen Stahl.

Im internationalen Handel kommen verschiedene Klassifizierungssysteme zur Anwendung, so auch für martensitische Stähle. Beispielsweise werden in den USA und Kanada die Stahlsorten nach dem AISI-Standard eingestuft. Der martensitische Edelstahl 1.4005 (X12CrS13) mit Schwefelzusatz zur Verbesserung der Spanbarkeit entspricht hier der AISI 416. Und bei der industriellen Anwendung von Edelstählen wird auf das System UNS zurückgegriffen (Kürzel steht für **U**nified **N**umbering **S**ystem for Metals and Alloys). So können auf der Basis länderspezifischer Normen auf dem Markt äquivalente martensitische Stähle gefunden bzw. verglichen werden:

USA:	**ASTM** (ursprünglich „American Society for Testing and Materials") sowie:
	AISI (American Iron and Steel Institute)
Japan:	**JIS G4403** (Japan Industrial Standard)
Frankreich:	**AFNOR/NF** (Association Française de Normalisation)
Großbritannien:	**BS** (British Standards)
Italien:	**UNI** (Ente Nazionale Italiano di Unificazione)
China:	**GB** (Guobiao, chinesisch: Nationaler Standard)
Schweden:	**SIS** (Swedish Institute of Standards)
Spanien:	**UNE** (Asociación Española de Normalización)
Polen:	**PN** (von: Polnisches Komitee für Normung)
Österreich	**ÖNORM** (nationale österreichische **Norm**)
Russland:	**GOST** (Gosudarstvenny Standart)
Tschechien:	**CSN** (Tschechische nationale technische Norm)

Zu beachten ist bei solch einem Abgleich, dass es sich um „äquivalente", also um „gleichwertige" martensitische Stähle handelt, die im Detail der chemischen Analyse auch etwas voneinander abweichen können. Mit anderen Worten: Eine Stahlgüte, die die Anforderungen eines Normsystems erfüllt, z. B. die der EN, erfüllt nicht zwangsläufig auch komplett die eines anderen Systems, z. B. ASTM oder JIS.

Synonyme für nichtrostenden Stahl
In der Stahlpraxis verwenden Hersteller und Anwender für alle gängigen korrosions-beständigen Edelstähle, also für die martensitischen, ferritischen und austenitischen Stähle sowie für Duplex-Stähle, unterschiedliche Begriffe bzw. Namen:

• **Edelstahl rostfrei**, manchmal auch nur kurz: **Edelstahl**

Die Kurzbezeichnung *Edelstahl* gilt in der Fachliteratur für Stähle mit besonders hoher metallurgischer Reinheit oder festgelegten Eigenschaften, die nicht unbedingt auch korrosionsbeständig sein müssen.

Die Marke „**Edelstahl Rostfrei**" ist beim Amt der Europäischen Union für Geistiges Eigentum in allen Mitgliedstaaten der Europäischen Union und in der Schweiz beim Eidgenössischen Institut für Geistiges Eigentum eingetragen. Inhaber ist der Warenzeichenverband Edelstahl Rostfrei e. V. Düsseldorf. Dieses Werkstoff-Siegel kennzeichnet die Qualität, die anwendungsgerechte Werkstoffauswahl und die sachgerechte Be- und Verarbeitung von nichtrostendem Stahl.

- **Nichtrostender Stahl, rostträger Stahl** oder **rostfreier Stahl**
- **Nirosta** oder **Niro:** Markenname von Outokumpu (ehemals ThyssenKrupp Nirosta), abgeleitet vom **nichtrostenden Stahl**
- **Inox** (vom Französischen *inoxydable – nicht oxidierbar,* also „nichtrostend" bzw. „rostfrei")
- **Chromstahl** oder **Chrom-Nickel-Stahl**
- **Cromargan®:** Handelsname von WMF. Dieser Name setzt sich aus den Bezeichnungen „Crom" und „Argan" zusammen, weil dieser Stahl einen hohen Chromanteil und ein silberglänzendes Aussehen aufweist.
- **Remanit**: Markenname von Edelstahl Witten-Krefeld GmbH, 2016 gelöscht, nunmehr Handelsname von Thyssenkrupp AG für einige rostfreie Edelstähle.

Marken- und Herstellernamen für nichtrostende, martensitische Stähle: Ohne Anspruch auf Vollständigkeit nachfolgend einige Beispiele hierzu:

- **CHRONIFER®:** Bezeichnung für martensitische Stähle von L. KLEIN SA, CH, z. B. CHRONIFER® M-14 X für 1.4057 (X17CrNi16-2) oder CHRONIFER® M-4021 für 1.4021 (X20Cr13).
- **UGI® 4116 N:** Bezeichnung für einen nichtrostenden, martensitischen Stahl mit Stickstoffzusatz (Swiss Steel Group, Ugitech SA), chemische Zusammensetzung ähnlich der Güte 1.4116 (X50CrMoV15) nach EN 10.088-3.

In der Welt der Schneidwarenindustrie sind neben den nicht korrosionsbeständigen Stählen (C-Stähle, Edelbaustähle und Kaltarbeitsstähle) auch spezielle nichtrostende martensitische Messerstähle zu finden. Diese weisen typische Härten von min. 55 HRC auf, besitzen ein feinkörniges Gefüge als Grundlage für Zähigkeit und erzielbarer Schärfe sowie eine gute Korrosionsbeständigkeit. Länderspezifisch sind für diese Stähle unterschiedliche Namen gebräuchlich:

- **Cronidur® 30:** 1.4108 (X30CrMoN15-1), ein druckaufgestickter, nichtrostender martensiticher Stahl, bis 60 HRC härtbar, gilt als gehobener Messerstahl.
- **12C27 (Sandvik 12C27):** „Schwedenstahl", vom schwedischen Unternehmen Sandvik, ein Klingenstahl, der von vielen Messerherstellern verwendet wird und vergleichbar ist mit dem typischen deutschen Klingenstahl 1.4034 (X46Cr13).
- **Böhler N690:** ein nichtrostender, martensitischer Stahl mit hoher Schneidhaltigkeit, hergestellt von voestalpine BÖHLER Edelstahl GmbH & Co KG, insbesondere für Messerklingen und chirurgische Instrumente eingesetzt, entspricht dem 1.4528 (X105CrCoMo18-2).

- **VG10 Stahl (VG-10):** ein von der japanischen Takefu Special Steel Co. Ltd. entwickelter hochwertiger Messerstahl vor allem für Küchenmesser, härtbar auf bis zu 60 HRC, in Eigenschaften und chemischer Zusammensetzung ähnlich dem Böhler N690.

Oft wird für einen Messerstahl die **420er Sorte** empfohlen. Es betrifft einen nicht-rostenden, martensitischen Chromstahl nach amerikanischer Norm AISI 420, wofür die deutsche Werkstoffnummer 1.4021 (X20Cr13) lautet.

Und Stähle der **440er Sorte** (ebenfalls nach AISI genormt) gelten als die Universalstähle für die Herstellung von Messerklingen. Unterschieden nach der chemischen Zusammensetzung (Chromgehalte von ca. 15 bis 18 %) sind diese mit den folgenden Stählen nach deutscher Bezeichnung vergleichbar:

440A − 1.4109 (X70CrMo15), **440B** − 1.4112 (X90CrMoV18), **440C** − 1.4125 (X105CrMo17)

- **ATS-34:** ein hochwertiger, nichtrostender martensitischer Chrom-Molybdän-Messerstahl aus Japan mit hoher Zähigkeit und guter Schnitthaltigkeit, basierend auf dem amerikanischen Stahl 154CM.
- **154CM:** ein in den 1950er Jahren in den USA von Crucible Industries (ehemals Crucible Materials Corporation) entwickelter Messerstahl mit 15 % Chrom und 4 % Molybdän, in Struktur und Eigenschaften ähnlich dem Stahl 440 C.
- **7Cr17 (68Cr17):** ein chinesischer nichtrostender martensitischer Chromstahl mit hohem Kohlenstoffgehalt bei ca. 17 % Chromanteil, ähnlich 440 A.
- **X15TN®:** entwickelt von Aubert & Duval als eine Alternative zum Cronidur® 30, ein nichtrostender martensitischer Stahl mit sehr guten Schneideigenschaften und hoher Korrosionsbeständigkeit, entspricht dem 1.4123 (X40CrMoVN16-2).
- **17-4PH®:** Marktbezeichnung für einen nichtrostenden martensitischen aus-scheidungshärtbaren Cr-Ni-Cu-Stahl mit ca. **17 %** Cr und **4 %** Cu, PH = **P**recipitation **H**ardening (Ausscheidungshärten), analytisch vergleichbar mit den Stählen 1.4542 (X4CrNiCuNb16-4) und 1.4548 (X5CrNiCuNb17-4-4).

Auch pulvermetallurgisch hergestellte nichtrostende Messerstähle sowie Stähle für medizinische Instrumente bietet der Markt, z. B.:

- **S30V (CPM 30V):** ein PM-Stahl von Crucible Industries mit 1,45 % C, 14 % Cr, 4 % V und 2 % Mo.
- **S30VN (CPM S30VN):** S30V mit Zusatz von Niob.

- **Böhler M390:** ein von voestalpine Böhler Edelstahl GmbH & Co KG pulvermetallurgisch erzeugter, martensitischer Chromstahl mit hervorragender Schärfebeständigkeit, einer der leistungsfähigsten Messerstähle mit ca. 1,9 % C, 20 % Cr, 1 % Mo, 0,6 % W, 4 % V, 0,3 % Mn und 0,7 % Si.
- **CHRONIFER® M-15 ESU** (1.4057 - X17CrNi16-2): ein pulvermetallurgisch erzeugter und ESU-umgeschmolzener martensitischer Stahl mit besonders feiner Korngröße und Mikrohomogenität (im Lagerprogramm von L. Klein SA, CH).

Chemische Zusammensetzungen und Sorten

2

2.1 Legierungselemente in nichtrostenden martensitischen Stählen

Das Kriterium der Zuordnung von Edelstählen zu Martensiten ist die gegebene Härtbarkeit über die Martensitbildung sowie deren Korrosionsbeständigkeit. Die nichtrostenden martensitischen Stähle haben üblicherweise folgende chemische Zusammensetzung (Angaben in Masse-Prozent):

Kohlenstoff C: *0,1 bis 1,1 %*
Chrom Cr: *10,5 bis 18,0 %*
Mangan Mn: *bis 1,5 %*
Silizium Si: *bis 1,0 %*
Molybdän Mo: *bis 3,0 %*
Nickel Ni: *bis 5,0 %*

Diese wichtigsten Legierungselemente in martensitischen Stählen haben maßgeblichen Einfluss auf das Umwandlungsverhalten während der Härtebehandlung, auf die technologischen Eigenschaften und die Korrosionsbeständigkeit.

Kohlenstoff (C)

Als wichtigstes Legierungselement sorgt Kohlenstoff für die Bildung des Martensitgefüges sowie von Karbiden mit den Elementen Chrom, Molybdän und Vanadium. Auf deren Masseanteile wird der Masseanteil von Kohlenstoff abgestimmt. Mit höherem Kohlenstoffgehalt steigen Festigkeit und Aufhärtbarkeit des Stahls, Duktilität, Schmiedbarkeit, Schweißeignung und die Bearbeitbarkeit sinken. Der Stahl wird spröder.

Schwefel (S)

Der Schwefelgehalt ist üblicherweise auf max. 0,015 Masse-% bzw., wo es metallurgisch machbar ist, auf max. 0,005 Masse-% limitiert. Die Korrosionsbeständigkeit steht hierbei im Vordergrund und Schwefel verschlechtert diese. Auch zur Sicherung der Polierbarkeit wird empfohlen, den Schwefelgehalt auf max. 0,015 Masse-% zu begrenzen. Steht die Schweißeignung im Vordergrund, sollte ein Schwefelgehalt im Bereich von 0,008 bis 0,030 Masse-% eingehalten werden. Und da Schwefel zur Bildung von Sulfiden, z. B. Mangansulfid, und dabei zu Seigerungen neigt, wird auch der Reinheitsgrad des Stahls verschlechtert. Andererseits verbessert Schwefel das Zerspanungsverhalten z. B. beim Drehen und Fräsen. Die gebildeten Mangansulfide begünstigen die Schmierwirkung an der Werkzeugschneide und verursachen kurze Späne. Deshalb wird absichtlich Schwefel z. B. denjenigen Stählen zugegeben (bis ca. 0,35 Masse-%), die für eine spanende Bearbeitung (z. B. mittels Automatenbearbeitung) vorgesehen sind. Beispiele hierfür sind die nichtrostenden, martensitischen Chromstähle 1.4005 (X12CrS13) und 1.4035 (X46CrS13) mit definierten Schwefelgehalten im Bereich von 0,15 bis 0,35 Masse-%.

Silizium (Si)

Silizium wird in Form der Eisenvorlegierung Ferro-Silizium der Stahlschmelze zugegeben zur Desoxidation (Abbinden des beim Erkalten der Schmelze freiwerdenden Sauerstoffs). Üblich sind hierzu Siliziumgehalte von $\leq$1,00 Masse-%. Silizium wirkt mischkristallverfestigend, erhöht die Abschreckhärte und bei höheren Gehalten von 2,0 bis ca. 4,0 Masse-% die Zunderbeständigkeit z. B. bei den hitzebeständigen, martensitischen Ventilstählen 1.4704 (X45SiCr4) und 1.4718 (X45CrSi9-3).

Bor (B)

Bor begünstigt die Durchhärtung und die durch Bor verursachten Ausscheidungen verbessern z. B. die Festigkeitseigenschaften der hochwarmfesten martensitischen Stähle, z. B. 1.4913 (X19CrMoNbVN11-19).

Phosphor (P)

Phosphor wird als Stahlschädling betrachtet, der zu starken Seigerungen führt, die Warmumformbarkeit verschlechtert und ebenso wie Schwefel die Heißrissbildung bei der Abkühlung von Schweißnähten begünstigt. Deshalb wird der Phosphorgehalt auf das metallurgisch machbare Minimum begrenzt, üblicherweise auf max. 0,04 Masse-%, in Ausnahmen auf max. 0,02 Masse-%. Eine derartig tiefe Entphosphorung hochchromhaltiger Stahlschmelzen wie für die martensitischen Stähle stellt eine große metallurgische Herausforderung dar.

Stickstoff (N)
Stickstoff als ein recht kostengünstiges Legierungselement trägt zur Erhöhung der Festigkeit bei. Und Stickstoff verbessert wie Chrom und Molybdän auch die Loch- und Spaltkorrosionsbeständigkeit im abgeschreckten und angelassenen Zustand. Mit dem Einsatz des Druck-Elektroschlacke-Umschmelzverfahrens (DESU) können heute im Stahl Stickstoffgehalte bis zu 0,45 Masse-% erzielt werden, z. B. beim 1.4108 (X30CrMoN15-1) mit Stickstoffzusätzen von 0,35 bis 0,44 Masse-% und beim 1.4123 (X40CrMoVN16-2) mit Stickstoffgehalten von 0,10 bis 0,30 Masse-%.

Chrom (Cr)
Chrom ist ein starker Karbidbildner und verbessert die Einhärtbarkeit durch Absenkung der kritischen Abkühltemperatur. Diese ist beim Härten diejenige werkstoffabhängige Abkühlgeschwindigkeit, die mindestens zur Ausbildung des Härtegefüges Martensit notwendig ist. Dabei stellt die „obere kritische Abkühlgeschwindigkeit" die längste Abkühldauer bzw. die niedrigste Abkühlgeschwindigkeit dar, um 100 % Martensit zu erreichen, und die „untere kritische Abkühlgeschwindigkeit" die kürzeste Abkühldauer und somit höchste Abkühlgeschwindigkeit, bei der erstmals Martensit auftritt.

Chrom erhöht die Warmfestigkeit sowie die Hitzebeständigkeit. Und Chrom sichert die Korrosionsbeständigkeit durch die Bildung einer stabilen, passiven Schutzschicht, wenn mindestens 10,5 Masse-% zulegiert werden. Mit steigendem Chromgehalt steigt die Korrosionsbeständigkeit.

Nickel (Ni)
Nickel wirkt sich positiv auf die Streckgrenze und Zähigkeit des Stahls aus. Alle Umwandlungspunkte des Stahls (Temperaturen, bei deren Über- oder Unterschreitung Phasenumwandlungen ablaufen) werden durch Nickel gesenkt. Nickel allein macht Stahl nur rostträge, in Verbindung mit Chrom wird die Beständigkeit auch gegenüber oxidierenden Substanzen erreicht. Der Nickelgehalt in den klassischen härtbaren nichtrostenden martensitischen Stählen ist begrenzt auf max. 5 Masse-%, z. B. 1.4057 (X17CrNi16-2) und 1.4542 (X5CrNiCuNb16-4).

Mangan (Mn)
Mangan ist in Mengen bis zu 1,5 Masse-% in allen korrosionsbeständigen Stählen enthalten, da es zur Desoxidation der Stahlschmelzen eingesetzt wird. Es entzieht dem Stahl Sauerstoff und bindet gleichzeitig Schwefel. Mangan löst sich in der Grundmasse des Stahls, bildet keine Karbide und wirkt mischkristallverfestigend (erhöht Streckgrenze und Zugfestigkeit). Die durch Mangan im Stahl bewirkte Absenkung der kritischen Abkühlgeschwindigkeit verbessert dessen Härtbarkeit.

Auch die Schmied- und Schweißbarkeit beeinflusst Mangan positiv, die Wärme-
ausdehnung jedoch negativ (wird erhöht). Nachteilig wirkt Mangan auch durch die
Neigung zur Grobkornbildung sowie zur Erhöhung des Restaustenitgehalts (Wendl,
1985). Restaustenit ist die nach dem konventionellen Vergüten durch Härten und
Anlassen meist unerwünscht noch vorliegende austenitische Phase im gewünschten Martensitgefüge. Die ursprünglich vorliegende Austenitphase hat sich beim
Abschrecken nicht vollständig in die Martensitphase umgewandelt.

Molybdän (Mo)
Molybdän ist ein starker Karbidbildner und bewirkt wie Chrom eine Absenkung
der kritischen Abkühlgeschwindigkeit. Außerdem trägt Molybdän zur Bildung von
Sonderkarbiden, somit zur Sekundärhärte beim Anlassen bei. So werden durch
Molybdän, in ähnlicher Weise wie durch Wolfram, günstig beeinflusst: die Härtbarkeit, die Anlasssprödigkeit, die Streckgrenze und Zugfestigkeit sowie die Warmfestigkeit. Die Zunderbeständigkeit wird durch Molybdän vermindert. Und Molybdän
verstärkt die Wirkung von Chrom hinsichtlich der Korrosionsbeständigkeit, z. B.
1.4122 (X39CrMoVN16-2) und 1.4123 (X105CrMo17).

Vanadium (V)
Auch Vanadium ist ein starker Karbidbildner. Wie Chrom und Molybdän bil-
det Vanadium Sonderkarbide. Der Verschleißwiderstand, die Warmfestigkeit und
Anlassbeständigkeit werden positiv beeinflusst, z. B. bei 1.4112 (X90CrMoV18)
und 1.4123 (X40CrMoVN16-2). Und Vanadium verfeinert bei der Erstarrung das
Primärkorn im Gefüge und damit die Gussstruktur.

Aluminium (Al)
Aluminium ist wegen seiner sehr starken chemischen Anziehung von Sauerstoff
das stärkste und sehr häufig in der Stahlherstellung eingesetzte Desoxidationsmit-
tel. Außerdem wirkt Aluminium als Denitrierungsmittel und begünstigt dadurch die
Alterungsunempfindlichkeit von Stahl. In sehr geringen Mengen im Stahl (Mikro-
legierung) unterstützt Aluminium die Feinkornbildung. Generell ist zu beachten,
dass größere Mengen von Aluminium im Stahl zu einer Verschlechterung der
Schweißbarkeit führen.

Niob (Nb)/Tantal (Ta)
Niob/Tantal wirken als starke Karbidbildner, werden somit als Stabilisierungsele-
mente zulegiert, da sie den Kohlenstoff in der Schmelze binden. So wird die Neigung
des Stahls zu korngrenzennahen Chromkarbidausscheidungen unterdrückt („stabili-
sierter" Stahl) und eine höhere Beständigkeit gegenüber interkristalliner Korrosion

erreicht (Korngrenzenkorrosion durch Chromverarmung wegen des Ausscheidens von Chromkarbiden an den Korngrenzen). Gleichzeitig wirken Niob und Tantal als Kornverfeinerungselemente, werden deshalb zur Feinkornbildung und somit zur Verbesserung der Verschleißfestigkeit zulegiert, z. B. 1.4542 (X5CrNiCuNb16-4) und 1.4543 (X3CrNiCuTiNb12-9).

Kupfer (Cu)
Kupfer wird oft als Stahlschädling betrachtet und nur bei wenigen Stahlsorten zulegiert. In hochlegierten Stählen verbessert Kupfer mit bis zu 5 Masse-% die Beständigkeit gegenüber Säuren. Und Kupfer verbessert auch die Härtbarkeit, wobei die Schweißbarkeit nicht beeinflusst wird, z. B. 1.4542 (X5CrNiCuNb16-4).

Kobalt (Co)
Kobalt bildet im Stahl keine Karbide, verbessert jedoch die Anlass- und Verschleiß-beständigkeit sowie die Warmfestigkeit, z. B. 1.4528 (X105CrCoMo18-2) und 1.4535 (X90CrCoMoV17).

2.2 Sorten

Neben den austenitischen, ferritischen und Duplex-Stählen werden auch die martensitischen Stähle in zahlreichen Normen beschrieben. Allgemein sind die DIN EN 10.088-1: 2014-12 (Nichtrostende Stähle – Teil 1: Verzeichnis der nichtrostenden Stähle) sowie die ISO 15510: 2014-05 (Nichtrostende Stähle – Chemische Zusammensetzung) zu nennen. Weitere Normen sind nach den Erzeugnissen, wie z. B. Flachprodukte, Langprodukte, Rohre und Schmiedestücke, geordnet, siehe hierzu die Dokumentation „Martensitische nichtrostende Stähle" (ISER/ISSF, 2021).

In der Praxis können die nichtrostenden martensitischen Stähle in vier sich teilweise überlappende Sorten unterteilt werden:

1. **Fe-Cr-C-Stähle für den Maschinenbau (Sorte 1a) und für verschleißbean-spruchte Bauteile (Sorte 1b):**
   - **Sorte 1a** mit 10,5 bis 14 Masse-% Chrom und 0,1 bis 0,4 Masse-% Kohlenstoff
     Beispiele: 1.4006 (X12Cr13) bzw. AISI 410, 1.4021 (X20Cr13) bzw. AISI 420, 1.4034 (X46Cr13)

- **Sorte 1b** mit 13 bis 18 Masse-% Chrom und 0,4 bis 1,0 Masse-%
  Kohlenstoff
  Beispiele: 1.4125 (X105CrMo17), AISI 440 A/B/C

2. **Ni-haltige Sorte**
   Sorte 2 mit 13 bis 17 Masse-% Chrom, 2 bis 5 Masse-% Nickel und < 0,2
   Masse-% Kohlenstoff
   Der höhere Nickelgehalt ersetzt einen Teil des Kohlenstoffs. Diese Sorte
   2 weist im Vergleich zu den Sorten 1a oder 1b eine höhere Zähigkeit
   insbesondere bei tiefen Temperaturen auf. Und der höhere Chromgehalt
   verbessert die Korrosionsbeständigkeit.
   Beispiele: 1.4057 (X17CrNi16-2) bzw. AISI 431, 1.4313 (X3CrNiMo13-4),
   1.4418 (X4CrNiMo16-5-1).

3. **Ausscheidungshärtende nichtrostende martensitische Stähle:**
   Sorte 3 mit 15 bis 17 Masse-% Chrom, 3 bis 8 Masse-% Nickel, 3 bis 5
   Masse-% Kupfer, < 0,1 Masse-% Kohlenstoff und Niob-Zusatz
   Es ist die nichtrostende martensitische Sorte mit der besten Kombination
   zwischen Festigkeit und Zähigkeit bei guter Korrosionsbeständigkeit.
   Beispiele: 1.4534 (X3CrNiMoAl13-8-2), 1.4542 (X5CrNiCuNb16-4),
   1.4545 (X5CrNiCuNb15-5-4) bzw. 15-5 PH, 1.4568 (X7CrNiAl17-
   7) bzw. AISI 631 (17-7 PH), 1.4594 (X5CrNiMoCuNb14-5), 1.4596
   (X1CrNiMoAlTi12-10-2)

4. **Kriechbeständige, hochwarmfeste nichtrostende, martensitische Stähle:**
   Sorte 4 mit 10,5 bis 12 Masse-% Chrom, 0,1 bis 0,25 Masse-% Kohlen-
   stoff, 0,8 bis 1,5 Masse-% Molybdän sowie Zusätzen von Kobalt, Niob,
   Vanadium, Bor und Stickstoff
   Beispiele: 1.4913 (X19CrMoNbVN11-1), 1.4923 (X22CrMoV12-1)

Darüber hinaus ist für spezielle Anwendungen die Sorte der sogenannten
Supermartensite auf dem Markt mit:

- **Super-13-Chrom-Stählen** (mit 13 % Chrom, 5 % Nickel und 2 % Molybdän)
- **Super-17-Chrom-Stählen** (mit 17 % Chrom, 5 % Nickel, 2,5 % Molybdän
  und 2,5 % Kupfer)

Die Abb. 2.1 zeigt in einer Übersicht die chemischen Analysen der heute
vorwiegend eingesetzten nichtrostenden martensitischen Stähle, geordnet nach
aufsteigenden Werkstoffnummern.

W.-Nr.*	DIN	Richtanalyse** (in Masse-%)							
		C	Si	Mn	Cr	Ni	Mo	Cu	Sonstige
1.4005 *	X12CrS13	0,06-0,15	≤1,00	≤1,50	12,0-14,0	-	-	-	S 0,15-0,35
1.4006 *	X12Cr13	0,08-0,15	≤1,00	≤1,50	11,5-13,5	≤0,75	-	-	-
1.4021 *	X20Cr13	0,16-0,25	≤1,00	≤1,50	12,0-14,0	-	-	-	-
1.4024	X15Cr13	0,12-0,17	≤1,00	≤1,00	12,0-14,0	-	-	-	-
1.4028 *	X30Cr13	0,26-0,35	≤1,00	≤1,50	12,0-14,0	-	-	-	-
1.4029	X29CrS13	0,25-0,32	≤1,00	≤1,50	12,0-13,5	-	-	-	S 0,15-0,25
1.4031 *	X39Cr13	0,36-0,42	≤1,00	≤1,00	12,5-14,5	-	-	-	-
1.4034 *	X46Cr13	0,43-0,50	≤1,00	≤1,00	12,5-14,5	-	-	-	-
1.4035 *	X46CrS13	0,43-0,50	≤1,00	≤2,00	12,5-14,5	-	-	-	S 0,15-0,35
1.4037 *	X65Cr13	0,58-0,70	≤1,00	≤1,00	12,5-14,5	-	-	-	-
1.4057 *	X17CrNi16-2	0,12-0,22	≤1,00	≤1,50	15,0-17,0	1,50-2,50	-	-	-
1.4104 *	X14CrMoS17	0,10-0,17	≤1,00	≤1,50	15,5-17,5	-	0,20-0,60	-	S 0,15-0,35
1.4108 *	X30CrMoN15-1	0,28-0,34	0,3-0,8	0,30-0,60	14,0-16,0	≤0,30	0,95-1,10	-	N 0,35-0,44
1.4109	X70CrMo15	0,60-0,75	≤0,70	≤1,00	14,0-16,0	-	0,40-0,80	-	-
1.4110	X55CrMo14	0,48-0,60	≤1,00	≤1,00	13,0-15,0	-	0,50-0,80	-	V ≤0,15
1.4112 *	X90CrMoV18	0,85-0,95	≤1,00	≤1,00	17,0-19,0	-	0,90-1,30	-	V 0,07-0,12
1.4116	X50CrMoV15	0,45-0,55	≤1,00	≤1,00	14,0-15,0	-	0,50-0,80	-	V 0,10-0,20
1.4117	X38CrMoV15	0,30-0,40	≤1,00	≤1,00	14,0-15,0	-	0,40-0,60	-	V 0,10-0,15
1.4120	X20CrMo13	0,17-0,22	≤1,00	≤1,00	12,0-14,0	≤1,00	0,90-1,30	-	-
1.4122 *	X39CrMo17-1	0,33-0,45	≤1,00	≤1,50	15,5-17,5	≤1,00	0,80-1,30	-	-
1.4123 *	X40CrMoVN16-2	0,35-0,50	≤1,00	≤1,00	14,0-16,0	≤0,50	1,00-2,50	-	N 0,10-0,30 V ≤1,50
1.4125 *	X105CrMo17	0,95-1,20	≤1,00	≤1,00	16,0-18,0	-	0,40-0,80	-	-
1.4197 *	X20CrNiMoS13-1	0,20-0,26	≤1,00	≤2,00	12,5-14,0	0,75-1,50	1,10-1,50	-	S 0,15-0,27
1.4313 *	X3CrNiMo13-4	≤0,05	≤0,70	≤1,50	12,0-14,0	3,50-4,50	0,30-0,70	-	N ≥0,020
1.4418 *	X4CrNiMo16-5-1	≤0,06	≤0,70	≤1,50	15,0-17,0	4,00-6,00	0,80-1,50	-	N ≥0,020
1.4528	X105CrCoMo18-2	1,00-1,10	≤1,00	≤1,00	16,5-18,5	-	1,00-1,50	-	V 0,07-0,12 Co 1,30-1,80 N ≤0,010
1.4534 *	X3CrNiMoAl13-8-2	≤0,05	≤0,10	≤0,10	12,25-13,25	7,50-8,50	2,00-2,50	-	Ti ≤0,010 Al 0,80-1.35
1.4535	X90CrCoMoV17	0,85-0,95	≤1,00	≤1,00	15,5-17,5	-	0,40-0,60	-	V 0,20-0,30 Co 1,20-1,80
1.4542 *	X5CrNiCuNb16-4	≤0,07	≤0,70	≤1,50	15,0-17,0	3,00-5,00	≤0,60	3,00-5,00	Nb 5xC≤0,45
1.4543 *	X3CrNiCuTiNb12-9	≤0,03	≤0,50	≤0,50	11,0-12,5	7,50-9,50	≤0,50	1,50-2,50	Nb 0,10-0,50 Ti 0,90-1,40
1.4545 *	X5CrNiCu15-5-4	≤0,07	≤1,00	≤1,00	15,0-15,5	3,00-5,00	≤0,50	2,50-4,50	Nb+Ta ≤0,45
1.4548	X5CrNiCuNb17-4-4	≤0,07	≤1,00	≤1,00	15,0-17,5	3,00-5,00	≤0,60	3,00-5,00	Nb 0,15-0,45
1.4594	X5CrNiMoCuNb14-5	≤0,07	≤0,07	≤1,00	13,0-15,0	5,00-6,00	1,20-2,00	1,20-2,00	Nb 0,15-0,60
1.4704	X45SiCr4	0,40-0,50	3,5-4,5	≤1,00	2,5-3,0	-	-	-	-
1.4712	X10CrSi6	≤0,12	2,0-2,5	≤1,00	5,5-6,5	-	-	-	-
1.4718 *	X45CrSi9-3	0,40-0,50	2,7-3,3	≤0,60	8,0-10,0	-	-	-	-
1.4731	X40CrSiMo10-2	0,35-0,45	2,0-3,0	≤0,80	9,5-11,5	-	0,80-1,30	-	-
1.4748	X85CrMoV18-2	0,80-0,90	≤1,00	≤1,50	16,5-18,5	-	2,00-2,50	-	V 0,30-0,60
1.4903 *	X10CrMoVNb9-1	0,08-0,12	≤0,50	0,30-0,60	8,0-9,5	≤0,40	0,85-1,05	-	V 0,18-0,25 Nb 0,06-0,10 N 0,03-0,07 Al ≤0,04
1.4913 *	X19CrMoNbVN11-1	0,17-0,23	≤0,50	0,40-0,90	10,0-11,5	0,20-0,60	0,50-0,80	-	V 0,10-0,30 Nb 0,25-0,55 N 0,05-0,10 B ≤0,0015
1.4920	X15CrMo12-1	0,12-0,17	≤1,00	≤1,00	11,0-12,0	-	1,00-1,30	-	-
1.4921	X19CrMo12-1	0,15-0,23	0,10-0,50	0,30-0,80	11,0-12,5	≤0,80	0,80-1,20	-	-
1.4922 *	X20CrMoV11-1	0,17-0,23	≤0,40	0,30-1,00	10,0-12,5	0,30-0,80	0,80-1,20	-	V 0,20-0,35
1.4923 *	X22CrMoV12-1	0,18-0,24	≤0,50	0,40-0,90	11,0-12,5	0,30-0,80	0,80-1,20	-	V 0,25-0,35
1.4926	X21CrMoV12-1	0,20-0,26	≤0,20	0,30-0,80	11,0-12,5	0,30-0,80	0,80-1,20	-	V 0,25-0,35 S ≤0,007

* Stahlgüten mit Datenblatt (siehe Pkt. 6: *Werkstoffdaten*)
** *Hinweis:* Die chemischen Zusammensetzungen nach EN und ASTM können etwas voneinander abweichen.

Abb. 2.1 Chemische Analysen von nichtrostenden martensitischen Stählen

Gefüge und Eigenschaften

3

3.1 Gefüge

Vor dem Härten sind die nichtrostenden martensitischen Stähle ferritisch. Bei erhöhten Temperaturen um 950 bis 1050 °C, also oberhalb der Austenitisierungstemperatur, besitzen sie die austenitische, kubisch flächenzentrierte Gefügestruktur. Erst nach dem Umwandlungshärten mit Abschrecken aus dieser Austenitstruktur (Austenitphase) entsteht das typisch martensitische Gefüge mit hoher Härte, wie in Abb. 1.2 gezeigt. In Abhängigkeit von den Legierungszusammensetzungen der nichtrostenden martensitischen Stähle, insbesondere von den Gehalten an Kohlenstoff, sowie von der Austenitisierungstemperatur bilden sich beim Abschrecken unterschiedliche Martensitmodifikationen, wie z. B. Lanzettmartensit (Latten-, Block- oder kohlenstoffarmer Massivmartensit), Plattenmartensit (Nadel- oder Zwillingsmartensit) oder Mischmartensit (Pitsch, 1976). Gleichzeitig führen die Gehalte an Karbidbildnern wie Chrom, Molybdän, Vanadium und Niob in Verbindung mit den Kohlenstoffgehalten teils zu ungelösten Karbidteilchen sowohl im ferritischen Ausgangsgefüge als auch im abgeschreckten martensitischen Gefüge. Davon ausgehend können folgende Gefügezustände je nach Behandlungszustand (Wärmebehandlung, Umformung) vorliegen:

Härtbare, nichtrostende martensitische Stähle:

Geglüht (weichgeglüht): *Ferrit* oder *Ferrit + Karbide*
Geglüht + kalt umgeformt: *Ferrit kaltverfestigt* oder *Ferrit kaltverfestigt + Karbide*
Gehärtet (austenitisiert + abgeschreckt): *Martensit* oder *Martensit + Karbide*
Vergütet (austenitisiert + abgeschreckt + angelassen): *Martensit angelassen* oder *Martensit angelassen + Karbide*

J. Schlegel, *Nichtrostender martensitischer Stahl, essentials*, https://doi.org/10.1007/978-3-658-44270-5_3

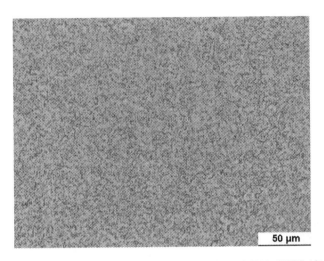

Abb. 3.1 *Zustand geglüht:* Karbide im ferritischen Gefüge, 1.4021 (X20Cr13): Draht Ø 6,25 mm (Schliffbild: BGH Edelstahl Lugau GmbH)

Ausscheidungshärtbare, nichtrostende martensitische Stähle:

Lösungsgeglüht + abgeschreckt: *Martensitgrundgefüge.*
Lösungsgeglüht + abgeschreckt + ausgelagert: *Martensitgrundgefüge + Ausscheidungen.*

Ausgewählte Beispiele für zwei unterschiedliche Gefügezustände zeigen hierzu die Abb. 3.1 und 3.2.

Lichtmikroskopisch zeigt der ausscheidungshärtbare martensitische Stahl 1.4542 (X3CrNiCuTiNb12–9) wegen der nicht sichtbaren, sehr kleinen Ausscheidungen ein klassisches martensitisches Gefüge (Vergütungsgefüge), vergleichbar mit Abb. 1.2.

Gefragt sind in der Praxis bei der Anwendung der nichtrostenden martensitischen Stähle folgende vorteilhafte **Eigenschaften** (ISER/ISSF, 2021):

- *hohe mechanische Festigkeit bei Raumtemperatur* (höher als die von austenitischen, ferritischen und Duplex-Stählen, ähnlich der von Edelbaustählen),
- *hohe Härte und Verschleißbeständigkeit, gute Schneideigenschaften* (Schärfe, Schnittfestigkeit) bei Stählen mit erhöhten Kohlenstoffgehalten,

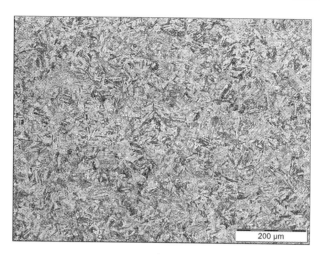

Abb. 3.2 *Zustand lösungsgeglüht + abgeschreckt + ausgelagert:* martensitisches Gefüge, Ausscheidungen submikroskopisch klein, lichtmikroskopisch nicht sichtbar, 1.4542 (X3CrNiCuTiNb12–9): Stab geschält Ø 50,8 mm (Schliffbild: BGH Edelstahl Freital GmbH)

- *hohe Dauerfestigkeiten* (bei Co-, V-, Nb-, B-haltigen Stählen),
- *gute Hochtemperatureigenschaften* (bei Mo-, Co-, W-, Nb- und V-haltigen Stählen)
- *mittlere bis gute Korrosionsbeständigkeit* (austenitische Stähle besitzen eine bessere Korrosionsbeständigkeit!),
- *polierbar,*
- *magnetisch,*
- *martensitische Stähle mit verbesserter Spanbarkeit* (Automatenstähle).

3.2   Mechanische Eigenschaften

Im geglühten Zustand sind die martensitischen Stähle weich und gut spanbar. Im Gegensatz dazu sind die ausscheidungshärtenden Sorten schon im geglühten Zustand hart. Die mechanischen Eigenschaften der nichtrostenden martensitischen Stähle reichen an die der Edelbaustähle, insbesondere der Vergütungsstähle, heran und können durch eine Wärmebehandlung anwendungsorientiert eingestellt werden (ISER/ISSF-Publikation, 2021). Typische Grenzwerte für Zugfestigkeiten R_m und Streckgrenzen $R_{p0.2}$(Mindestdehngrenzen) im abgeschreckten

und angelassenen Zustand QT (quenched and tempered) sowie im ausschei-
dungsgehärteten Zustand (+P) liegen je nach Stahlgüte und Festigkeitsstufe
bei $R_{p0,2} \geq 450$ N/mm^2 und $R_m = 650$ bis 850 N/mm^2 (z. B. für 1.4006 –
X12Cr13) bis zu $R_{p0,2} \geq 1000$ N/mm^2 und $R_m = 1070$ bis 1270 N/mm^2 (für
1.4542 – X5CrNiCuNb16-4).

Und die Härtewerte nach dem Abschrecken und Anlassen bei 200 bis 300
°C können bei martensitischen Stählen in Abhängigkeit vom Kohlenstoffgehalt
bis zu 60 HRC erreichen, also Härtewerte, die nahe an denen von klassischen Werkzeugstählen liegen. Weitere Informationen hierzu siehe Kap. 6:
Werkstoffdaten.

3.3   Korrosionsbeständigkeit

Saure, alkalische, oxidierende, organische und anorganische Lösungen, also Säuren und Laugen, Chloride, Fluoride, Verunreinigungen, Temperatur- und Druck-
änderungen u. a. Faktoren können „werkstoffzerstörend" wirken. Man unter-
scheidet dabei mechanische, chemische und elektrochemische, auch thermische
Abnutzung bzw. Überbeanspruchung des Werkstoffes Stahl bei der Anwendung.
Davon ausgehend werden die entsprechenden Korrosionsarten unterschieden, wie:

- *Flächenkorrosion* (gleichmäßiger Flächenabtrag vor allem durch starke Säu-
  ren, heiße alkalische und andere Medien in der chemischen Industrie)
- *Loch- und Spaltkorrosion* (Lokale Korrosion, die zu Löchern, Vertiefungen und
  Aushöhlungen im Bauteil führt und bevorzugt in unsichtbaren Spalten auftritt.)
- *Spannungsrisskorrosion* (Werkstoff ist gleichzeitig korrosiver Umgebung und
  Spannung, vorwiegend Zugspannung, ausgesetzt, wodurch lokales Versagen
  durch Risse entstehen kann.)
- *Ermüdungskorrosion* (Korrosion an Werkstoffen, die gleichzeitig Wechselbe-
  lastungen ausgesetzt sind, wodurch die Dauerfestigkeit sinkt.)
- *Abrasionskorrosion* (Korrosion unter sauren und basischen Medien mit rei-
  bend wirkenden Partikeln, vor allem im Bergbau, Ölsandabbau, in der
  Hydrometallurgie und bei der Wasserbehandlung)

Auf Details zu diesen Korrosionsarten und den dazu passenden nichtrostenden
martensitischen Stählen kann im Rahmen dieses *Essentials* nicht eingegangen
werden. Weiterführende Informationen hierzu siehe z. B. (ISER/ISSF, 2021).

Die Fähigkeit, „selbstheilend" auf Verletzungen der Oberfläche zu reagieren
und sie auszuheilen, also korrosionsbeständig zu sein, ist auch die Eigenschaft

nichtrostender martensitischer Stähle. Werden sie einer korrosiven Umgebung ausgesetzt (feuchte Luft, chemische Dämpfe, Salzwasser) oder wird eine mechanische Beschädigung an der Oberfläche verursacht (Kratzer, Schleifspuren), dann rosten sie nicht. Es entsteht an der Oberfläche eine dünne, unsichtbare Chromoxidschicht, die eine weitere Oxidation verhindert. Die Passivierung ist perfekt. Da die martensitischen Stähle vergleichsweise mit 0,10 bis 1,10 Masse-% höhere Kohlenstoffgehalte aufweisen als die klassischen austenitischen Stähle mit max. 0,15 Masse-%, werden bei vergleichbaren Chromgehalten deren gute bis sehr gute Korrosionsbeständigkeiten nicht bzw. nur nahezu erreicht. Das liegt daran, dass die höheren Kohlenstoffgehalte eine gewisse Menge an Chrom in den Karbiden binden, sodass diese Chromgehalte nicht mehr zur Verfügung stehen, um die schützende Chromoxidschicht auszubilden. Und auch die Wirkung der Legierungselemente Molybdän und Stickstoff im Zusammenspiel mit Chrom ist bei der Betrachtung der Korrosionsbeständigkeit zu beachten. Da sie entsprechend ihrer Gehalte das Korrosionsverhalten unterschiedlich beeinflussen, wird hierzu als gängige Kennzahl die Wirksumme **PREN** (**P**itting **R**esistance **E**quivalent **N**umber) herangezogen (IMOA/ISER, 2022):

$$\mathbf{PREN} = 1 \times \% \ \mathbf{Cr} + 3{,}3 \times \% \ \mathbf{Mo} + 16 \times \% \ \mathbf{N}$$

Bei nichtrostenden martensitischen Stählen ist stets eine Teilmenge von Chrom mit Kohlenstoff verbunden (Chromkarbid). Diese Chrommenge steht nicht mehr für die Sicherung der Korrosionsbeständigkeit zur Verfügung. Deshalb wird in der Praxis von einigen Stahlherstellern folgende modifizierte Formel zur Berechnung der Wirksumme **PREN** von martensitischen Stählen genutzt (ISER/ISSF-Publikation, 2021):

$$\mathbf{PREN_{mod}} = 1 \times \% \ \mathbf{Cr} + 3{,}3 \times \% \ \mathbf{Mo} + 16 \times \% \ \mathbf{N} - 5 \times \% \ \mathbf{C}$$

(Gehalte an Chrom (Cr), Molybdän (Mo), Stickstoff (N) und Kohlenstoff (C) in Masse-%)

Diese Wirksumme $PREN_{mod}$ kann als Orientierung hinsichtlich einer Rangfolge der Loch- und auch Spaltkorrosionsbeständigkeit für martensitische Stähle dienen. Je höher dieser $PREN_{mod}$-Wert, desto korrosionsbeständiger ist auch der martensitische Stahl.

Die Abb. 3.3 zeigt hierzu Werte von Mindestdehngrenzen $R_{p0,2}$ und Korrosionsbeständigkeiten $PREN_{mod}$ für einige martensitische Stähle im Vergleich zu denen bekannter austenitischer Stähle.

In Ergänzung zur Abb. 3.3 zeigt die Abb. 3.4 eine schematische Übersicht zur Kombination steigender Korrosionsbeständigkeit und Härte für übliche martensitische Stähle auf der Basis des „Stammbaums" martensitischer rostfreier

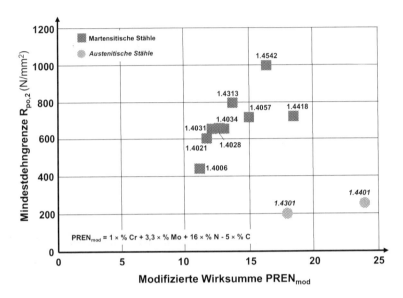

Abb. 3.3 Vergleich einiger martensitischer und austenitischer Stähle hinsichtlich deren Mindestdehngrenzen $R_{p0,2}$ und Korrosionsbeständigkeiten auf Basis der Wirksumme $PREN_{mod}$, Quelle: Abb. 3.4, Seite 14 aus (ISER/ISSF, 2021)

Vergütungsstähle nach DEW, www.dew-stahl.com. Aus dieser Übersicht sind auch die Wirkungen der Legierungselemente zu entnehmen, z. B. Kohlenstoff auf zunehmende Härte sowie Chrom, Nickel, Molybdän und Stickstoff auf erhöhte Korrosionsbeständigkeit.

Zu beachten ist, dass die Korrosionsbeständigkeit martensitischer Stähle stets im vergüteten Zustand am höchsten ist. Außerdem kann eine ausreichende Korrosionsbeständigkeit neben der Legierungszusammensetzung durch eine geeignete Oberflächenausführung, zum Beispiel mittels Schleifen, Polieren und Passivieren sowie durch stets sauber gehaltene Oberflächen während der Anwendung erreicht werden.

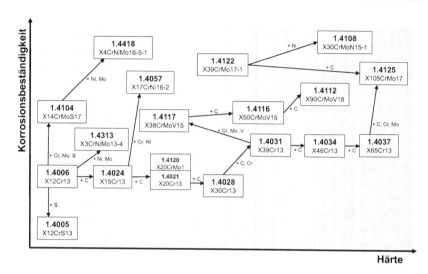

Abb. 3.4 Einordnung ausgewählter martensitischer Stähle nach deren Korrosionsbeständigkeit und Härte, Quelle: „Stammbaum" martensitischer rostfreier Vergütungsstähle nach DEW, www.dew-stahl.com

3.4 Physikalische Eigenschaften

Die Werkstoffdatenblätter für ausgewählte nichtrostende martensitische Stähle unter Kap. 6 enthalten einige physikalische Kennwerte, z. B. Dichte (g/cm³), spezifische Wärmekapazität c (J/kg·K), Wärmeleitfähigkeit λ (W/m·K) und elektrischer Widerstand R (Ω·mm²/m).

Interessant ist die Tatsache, dass wegen ihrer atomaren Struktur die martensitischen Stähle ferromagnetisch und gleichzeitig korrosionsbeständig sind. Der weit verbreitete Glaube, dass nur die nicht magnetischen Stähle, also die bekannten austenitischen Stähle, „richtige nichtrostende Stähle" seien, trifft einfach nicht zu. Die tragende Rolle für die mehr oder weniger gute Korrosionsbeständigkeit hat vor allem der Chromgehalt.

Im Vergleich zu den austenitischen Stählen besitzen die nichtrostenden martensitischen Stähle deutlich höhere Wärmeleitfähigkeiten. Diese können bis zu zweimal so hoch sein und somit vorteilhaft genutzt werden bei der Wärmeverteilung z. B. in Wärmetauscherplatten.

Der Wärmeausdehnungskoeffizient von nichtrostenden martensitischen Stählen ähnelt dem von unlegiertem Stahl und ist ca. 1/3 niedriger als der von austenitischen Stählen. Deshalb verziehen sich Bauteile aus martensitischem Stahl weniger stark (ISER/ISSF, 2021).

3.5 Technologische Eigenschaften

Umformbarkeit
Die nichtrostenden martensitischen Stähle sind warmumformbar z. B. durch Schmieden (Halbzeug, Formteile) oder Walzen (Walzdraht, Warmband). Die Einhaltung der je Stahlgüte vorgegebenen Warmumformtemperaturen sowie die Aufwärmtechnologie (meist langsam bis ca. 800 °C, dann schneller bis zur Umformtemperatur) wird empfohlen (siehe hierzu Angaben in den Datenblättern im Kap. 6). Und auch die Abkühlung nach dem Warmumformen ist so zu gestalten, dass die gewünschte, optimale Korngröße (kein Grobkorn!) entsteht. Bei den Automatenstählen mit definierten Schwefelgehalten ist die mögliche Rissanfälligkeit durch die Mangansulfide zu beachten. Nach der Warmumformung sind ausscheidungshärtende martensitische Stähle einem Lösungsglühen zu unterziehen.

Die für die austenitischen Stähle charakteristische ausgezeichnete Kaltumformbarkeit erreichen die nichtrostenden martensitischen Stähle bei weitem nicht. Deren Kaltumformung, z. B. durch Bandwalzen, Biegen, Prägen, Stanzen und Ziehen, erfolgt vor dem Härten (Vergüten), also im weichen, geglühten Zustand. Zu beachten ist die unterschiedlich starke Kaltverfestigungsneigung der einzelnen Stähle, die oft die Kaltumformbarkeit erschweren kann. Ebenso können die harten, spröden Karbidteilchen im Gefüge das Umformen erschweren (gebrochene Karbidteilchen sind zu vermeiden!). So sind einige nichtrostende martensitische Stähle nicht gut geeignet zum Kaltstauchen, z. B. die Stähle 1.4005, 1.4034, 1.4057 und 1.4104.

Spanbarkeit
Die spanende Bearbeitung wird vor allem durch die Härte, somit vom Gehalt an Kohlenstoff, beeinflusst. Die meisten nichtrostenden martensitischen Stähle sind im geglühten, weichen Zustand ausreichend bis gut spanbar. Die ausscheidungshärtenden Stähle sind dagegen hart und schwer spanend zu bearbeiten. Eine angepasste Wärmebehandlung, die die Härte absenkt, sollte vor der Zerspanung erfolgen.

Für sehr komplexe spanende Bearbeitungen sind nichtmetallische Einschlüsse (Mangansulfide) vorteilhaft. Diese „schmieren" die Grenzflächen zwischen Span und Schneidwerkzeug und verursachen kurze Späne. Deshalb wurden spezielle martensitische Stähle mit definiertem Schwefelzusatz von üblicherweise 0,15 bis

0,35 Masse-% (Automatenstähle) entwickelt. Zu beachten ist, dass die gebildeten Mangansulfide die Korrosionsbeständigkeit herabsetzen. Gleichzeitig können
diese Einschlüsse während des Warmwalzens und der Wärmebehandlung zu
Ausgangspunkten für Risse werden (ISER/ISSF, 2021).

Schweißeignung
Das Schweißen nichtrostender martensitischer Stähle kann mit verschiedenen
Verfahren erfolgen, z. B. mittels Unterpulver-, Wolfram-Inertgas-, Plasma-, Metall-
Aktivgas-, Laserstrahl- und Elektronenstrahl-Schweißen. Das gebräuchlichste
Verfahren ist das elektrische Lichtbogenschweißen (ISER/ISSF, 2021). Beim
Schweißen sollten die Korrosionsbeständigkeit und die mechanischen Eigenschaf-
ten des Grundwerkstoffs nicht beeinträchtigt bzw. verändert werden.

In der Wärmeeinflusszone beim Schweißvorgang wandelt sich der martensitische Stahl in die austenitische Gefügestruktur um. Beim Abkühlen entsteht
Martensit, dessen Härte vom Kohlenstoffgehalt abhängt. Und je höher die Härte,
umso stärker ist auch die Gefahr der Heißrissbildung in der Schweißnaht während des Abkühlens nach dem Schweißen. Eine angepasste Temperaturführung,
die Verwendung geeigneter Schweißzusatzwerkstoffe und eine Wärmebehandlung
nach dem Schweißvorgang sind entsprechend der Vorgaben der Stahlhersteller
und der Lieferanten der Schweißzusatzwerkstoffe durchzuführen. Erschwerend
auf den Schweißvorgang wirken sich auch erhöhte Schwefelgehalte (Mangansul-
fideinschlüsse) sowie Stickstoffgehalte aus. Deshalb wird für einige nichtrostende
martensitische Stähle ein Fügen durch Schweißen nicht empfohlen (Reibschweiß-
verfahren jedoch möglich!), z. B. für 1.4005 (X12CrS13), 1.4035 (X46CrS13) und
1.4104 (X14CrMoS17).

Herstellung

Die Herstellung der nichtrostenden martensitischen Stähle und der daraus gefertigten Produkte umfasst das schmelz-, in Sonderfällen auch das pulvermetallurgische Erzeugen, das Umformen zu Halbzeug, das Wärmebehandeln, Adjustieren und das Weiterverarbeiten incl. Oberflächenbehandeln zu den Fertigprodukten.

4.1 Schmelzmetallurgische Erzeugung

Nichtrostende martensitische Stähle werden in Elektrostahlwerken aus sortenreinem Schrott erzeugt. Diese arbeiten mit Lichtbogenöfen bei Chargengrößen bis zu 200 t. Im Lichtbogenofen (**LBO**) bildet der Strom (meist Drehstrom) einen Lichtbogen (vergleichbar mit dem Elektrohandschweißen) zwischen den stromführenden Graphitelektroden und dem Schrotteinsatz. Dieser Lichtbogen schmilzt den Schrott durch die thermische Strahlung auf. Danach erfolgt der Abguss der Schmelzcharge (Rohstahl) in eine vorgewärmte Pfanne bei ca. 1700 °C. In nachgeschalteten sekundärmetallurgischen Anlagen wird die weitere „Feinung" des noch flüssigen Rohstahls vorgenommen: Zulegieren bestimmter Legierungselemente, Aufsticken (Erhöhung des Stickstoffgehalts), Homogenisierung der Schmelze, Senkung des Kohlenstoff- und Schwefelgehaltes, Einstellung der Gießtemperatur. Hierzu kommen für die nichtrostenden martensitischen Edelstähle vor allem AOD- und VOD-Konverter zum Einsatz:

- **AOD:** **A**rgon-**O**xygen-**D**ecarburization, Entkohlen mit Argon-Sauerstoff-Gemisch

- **VOD:** **V**acuum-**O**xygen-**D**ecarburization, Entkohlen unter Vakuum mit Sauerstoff

Nach Abschluss der Feinbehandlung, üblicherweise auch „Pfannenmetallurgie" oder „sekundärmetallurgische Behandlung" genannt (Burghardt & Neuhof, 1982), wird die fertige Stahlschmelze zu Blöcken oder als Strangguss (Horizontal-, Kreisbogen- oder Vertikalstrangguss) vergossen. Für spezielle Anforderungen hinsichtlich höchster Reinheitsgrade und Homogenität (Reduzierung von Seigerungen, also von Entmischungen im Gussgefüge) kann ein Umschmelzen erforderlich werden. Mit Elektro-Schlacke-Umschmelzanlagen (**ESU**) oder Lichtbogen-Vakuum-Anlagen (**LBV**) wird der bereits erschmolzene, sekundärmetallurgisch behandelte und abgegossene Stahl einem Reinigungsprozess unterzogen. Eine gezielte Einstellung höherer Stickstoffgehalte bei gleichzeitiger Verbesserung des Reinheitsgrades wird mit dem **D**ruck-**E**lektroschlacke-**U**mschmelzverfahren (**DESU**) ermöglicht.

4.2   Pulvermetallurgische Erzeugung

Wenn auch nur in geringem Umfang wird die kostenintensivere pulvermetallurgische Fertigung auch für ausgewählte nichtrostende martensitische Stähle genutzt, z. B. 1.4057 ESU PM (CHRONIFER® M-15 X ESU). Im Vergleich zur schmelzmetallurgischen Herstellung bietet die pulvermetallurgische Fertigung einige Vorteile: größere Legierungsbereiche, keine Umformbarkeitsgrenzen, homogenere, seigerungsfreie, feine Gefüge mit gleichmäßig verteilten, kleinen Karbiden im Mikrometerbereich.

Die pulvermetallurgische Fertigung umfasst die drei Hauptschritte Herstellung der Metallpulver, Formgebung/Verdichten der Pulver (HIP-Prozess) und Wärmebehandlung/Sintern.

Die Pulverherstellung beginnt mit der Erzeugung einer Schmelze im Induktionsofen. Die gewünschte chemische Zusammensetzung wird durch Einsatz von Schrott und zusätzlichen Legierungselementen eingestellt. Die fertige Stahlschmelze wird in einen Gießverteiler geleitet, wo die Abscheidung von nichtmetallischen Schlacken erfolgt und so der Reinheitsgrad verbessert wird. Am Boden des Verteilers ist eine Düse angebracht, durch die die Schmelze ausströmt und mittels Stickstoff zerstäubt wird. Das erzeugte Pulver weist eine kugelige Form auf und kann sofort in Kapseln gefüllt, zu einer Vorform bis fast an die theoretische Dichte verdichtet und gleichzeitig gesintert werden. Dies erfolgt mittels

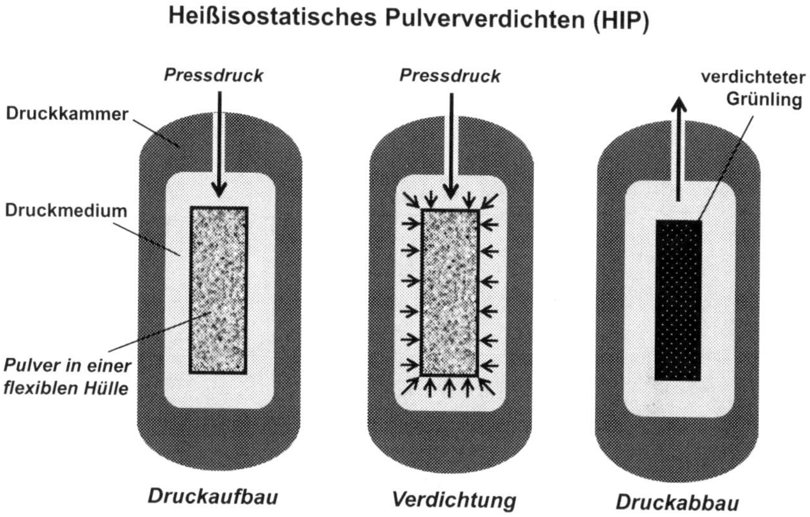

Heißisostatisches Pulververdichten (HIP)

Abb. 4.1 Prinzip des Verfahrens zum heißisostatischen Pulververdichten (HIP-Prozess)

des sogenannten „Heißisostatischen Pressens (HIP)" in einer beheizbaren Druck-
kammer unter Schutzgas (Argon) bei Temperaturen um 1150 °C und Drücken um
100 MPa. Die Abb. 4.1 zeigt vereinfacht diesen speziellen HIP-Prozess.

Die Pulververdichtung beruht auf Diffusionsvorgängen zwischen den Pulver-
körnern (Oberflächen-, Grenzflächen- und Gitterdiffusion) sowie auf plastischer
Umformung. Die durch den HIP-Prozess erzeugten Stahlblöcke werden durch
Schmieden oder Warmwalzen zu Halbzeug umgeformt.

4.3 Umformen

Es ist die bewusst vorgenommene geometrische Änderung einer bereits vorhande-
nen Roh- oder Werkstückform in eine neue Form. Diese erfolgt nach dem Gießen
und Erstarren vorzugsweise in einem Temperaturbereich von 950 bis 1200 °C als
Warmumformen (Schmieden, Walzen) der Gussblöcke zu Halbzeug (Rund, Profil,
Rohr oder Breit-Flach). Um abmessungsnah die Vorformen für die Endprodukte
zu erhalten, kommen danach auch Kaltumformprozesse zur Anwendung (Walzen
von Profilen, Rohren, Blechen, Bändern, Ziehen von Stabstahl und Draht, Biegen,
Abkanten, Rundwalzen, Rollformen, Tiefziehen, Drücken und Kaltstauchen).

4.4   Wärmebehandeln

Die optimalen Eigenschaften der nichtrostenden martensitischen Stähle für eine
Weiterverarbeitung oder für die Anwendung sind nur durch eine Wärmebehandlung zu erreichen. Ausgeliefert werden nichtrostende martensitische Stähle je
nach Erzeugnisform (Band, Blech, Draht, Stab, Profil, Rohr) im geglühten, also
weichen oder im vergüteten, somit harten Zustand. Im weichen Zustand kann eine
Weiterverarbeitung (Kaltumformen, Zerspanen) erfolgen, bevor am Fertigprodukt
das Härten vorgenommen wird.

Vergüten
Diese Wärmebehandlung umfasst das Austenitisieren, Abschrecken sowie die nach-
folgende Anlassbehandlung und sichert neben der hohen Härte gleichzeitig die
notwendige Zähigkeit. Maßgebend sind dabei die Einflussfaktoren Erwärmung
(Erwärmungs- und Haltezeit), Temperatur, Atmosphäre (Luft, Vakuum, Schutzgas) und Abkühlung (Abkühlgeschwindigkeit). Diese bewirken in unterschiedlichen
Kombinationen und Abfolgen eine Veränderung im Stahlgefüge (Ausscheidungen
und Wechsel der Gefügephasen, Änderung ihrer Mengenanteile, ihrer Anordnung,
Form- und Zusammensetzung), wodurch die gewünschten Eigenschaften eingestellt
werden (Weißbach, 2007).

Das **Austenitisieren**, also das Erwärmen und Halten auf Temperaturen oberhalb
der Umwandlungstemperatur Ferrit in Austenit, dient der Ausbildung eines vollständig in Austenit umgewandelten Gefüges mit aufgelösten Karbiden. Hierzu gibt z. B.
die DIN EN 10.088-3 Empfehlungen für die einzuhaltenden Temperaturbereiche je
Stahlgüte.

Das **Abschrecken** dient zur Erzeugung des martensitischen Grundgefüges.
Dieses entsteht, weil infolge der raschen Abkühlung keine Zeit für eine geord-
nete Rückumwandlung von Austenit in Ferrit gegeben ist. Gleichzeitig soll ein
unerwünschtes Ausscheiden von Karbiden an den Grenzen der ursprünglichen
Austenitkörner verhindert werden. Diese Karbidausscheidungen würden zu einer
örtlichen Chromverarmung beitragen und somit zu Ausgangszonen für Korrosion werden (ISER/ISSF, 2021). Zu beachten ist aber auch, dass eine zu schnelle
Abschreckung zu sehr hohen Materialspannungen, somit zum Verzug des Teiles
bis hin zur Rissbildung führen kann. Deshalb ist das Abschrecken mit einer optimalen, an die Legierungszusammensetzung angepassten Abkühlgeschwindigkeit
vorzunehmen. In der Praxis wird sie als die „kritische Abkühlgeschwindigkeit"
bezeichnet. Diese Werkstoffkonstante ist dem je Stahlgüte zugehörigen Zeit-
Temperatur-Umwandlungs-Diagramm (ZTU-Diagramm) zu entnehmen und zeigt
an, welche Abkühlgeschwindigkeit mindestens zur Martensitbildung notwendig ist.

Davon ausgehend kann nach ökologischen und ökonomischen Gesichtspunkten das Abschreckmedium Luft, Öl, Polymer oder Wasser (in dieser Reihenfolge mit steigender Abschreckwirkung) so ausgewählt werden, dass möglichst kein Verzug und keine Rissbildung im Härtegut entstehen. Dabei sollte für die Wahl der Abschreckgeschwindigkeit gelten: *„So schnell wie nötig und so langsam wie möglich!"*. Die Stahlhersteller geben hierzu in ihren Werkstoffdatenblättern entsprechende Hinweise.

Zur Verbesserung der Zähigkeit und Maßstabilität sowie zur gezielten Senkung der Festigkeit erfolgt nach dem Härten ein zweiter Glühprozess, das **Anlassen**, meist zwei- oder dreimalig. Hierzu werden die Werkstücke erneut erwärmt auf ein Temperaturniveau unterhalb der Austenitisierungstemperatur (<750 °C, üblich bei Temperaturen um 500 °C), unterschiedlich lange auf dieser Anlasstemperatur gehalten und an Luft abgekühlt (ISER/ISSF, 2021). Vor allem Härtespannungen werden dabei abgebaut. Der spröde Martensit wird in ein Gefüge mit etwas geringerer Härte, dafür aber mit etwas höherer Zähigkeit umgewandelt. Allgemein wird ein Stahl beim Anlassen umso weicher, je höher er erwärmt wurde. Für jeden Stahl gibt es hierzu sogenannte Anlass-Schaubilder, die den Härteverlauf mit zunehmender Anlasstemperatur aufzeigen. Die Abb. 4.2 zeigt hierzu ein Beispiel einer Anlasskurve für einen martensitischen Stahl.

Im Zustand **vergütet**, also austenitisiert, abgeschreckt und angelassen, können die martensitischen Stähle Härten von bis zu 60 HRC erreichen. Diese Werte liegen nahe den Härtewerten von klassischen Werkzeugstählen.

Für die verschiedenen Härtestufen nichtrostender martensitischer Stähle sind in der Praxis folgende Bezeichnungen üblich:

Mit einem + an die Werkstoffnummer angefügt werden mit Symbolen und Zahlen die Wärmebehandlungsart und Härtestufe, somit der Wärmebehandlungszustand gekennzeichnet:

A (condition A – **a**nnealed): geglüht (weichgeglüht)
QT (**q**uenched and **t**empered): gehärtet und angelassen (vergütet):
QT650 – vergütet auf R_m min. 650 N/mm^2 (hinter **QT** steht die Mindestfestigkeit R_m in N/mm^2)
weitere Härtestufen: **QT700, QT800, QT850, QT900**

Durch Variation der Härtetemperaturen sowie der Haltezeiten zwischen einer und vier Stunden können gezielt diese gewünschten Härtestufen eingestellt werden.

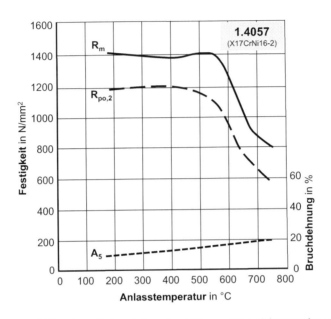

Abb. 4.2 Beispiel für ein typisches Anlassschaubild von einem nichtrostenden martensitischen Stahl (nach: DEW – Anlassschaubild für Acidur 4057 im DEW-Werkstoffdatenblatt 1.4057)

Ausscheidungshärten

Die ausscheidungshärtbaren nichtrostenden martensitischen Stähle erfahren eine Erhöhung der Festigkeit mittels gezielt eingestellter kleiner Ausscheidungen (intermetallischer Phasen) im Gefüge. Hierzu werden sie zunächst einem **Lösungsglühen** unterzogen, angepasst an die chemische Zusammensetzung, die Wärmgut- bzw. Bauteilgröße und den Verwendungszweck üblicherweise bei 1000 bis 1050 °C (ISER/ISSF, 2021). Bei dieser Wärmebehandlung lösen sich die unerwünschten Sekundärphasen im Gefüge. Es entsteht ein optimiertes, homogenisiertes Mikrogefüge und nach einer Kaltverfestigung wird auch eine Entfestigung mit reduzierten Eigenspannungen erreicht. Ein schnelles Abkühlen verhindert erneute Ausscheidungen. In diesem lösungsgeglühten und abgeschreckten Zustand wird abschließend das Werkstück bei relativ niedrigen Temperaturen zwischen 480 bis 620 °C einer Härtebehandlung unterzogen, Aushärten bzw. **Auslagern** genannt. Diese regt die gezielte Bildung der gewünschten sehr kleinen Ausscheidungen an, die lichtmikroskopisch nicht sichtbar sind. Wegen der niedrigen Temperaturen ist die Gefahr des Verzugs sowie eventueller Abmessungsänderungen an den so zu behandelnden Werkstücken gering. Auch bei diesem Wärmebehandlungsverfahren führen verschiedene Auslagerungstemperaturen und Haltezeiten von einer bis zu vier Stunden zu unterschiedlichen Härtestufen mit folgenden Bezeichnungen:

AT (solution annealed + quenched): lösungsgeglüht + abgeschreckt
Dieser Zustand wird oft auch nur mit **A** bezeichnet.
P (precipitation hardened): ausscheidungsgehärtet, d. h. lösungsgeglüht + abgeschreckt + ausgelagert nach DIN EN 10.088-3 in Härtestufen:
P800 – ausscheidungsgehärtet auf R_m min. 800 N/mm^2 (hinter **P** steht die Mindestfestigkeit R_m in N/mm^2),
weitere Härtestufen: **P930**, **P960**, **P1070**
H – ausscheidungsgehärtet nach ASTM A564/A564M-13
H900 – ausscheidungsgehärtet bei ca. 900 °F (hinter **H** steht die in der ASTM festgelegte Temperatur in Fahrenheit)
weitere Härtestufen: **H925**, **H1025**, **H1075**, **H1100**, **H1150**, **H1150H**, **H1150D**, **H1150M**

Wichtig ist hierbei zu wissen, dass die ausscheidungshärtenden martensitischen Stähle im lösungsgeglühten Zustand schon hohe Härten aufweisen, die bei einer Härtebehandlung bei hohen Temperaturen (z. B. **H1150**) verringert werden.

Zwei Beispiele für Fertigungsfolgen zur Herstellung von Halbzeug (Draht und Stab) zeigen die Abb. 4.3 und 4.4. Die Herstellung eines weichgeglühten Drahts mit $R_m < 700$ N/mm^2 aus dem schwefellegierten nichtrostenden martensitischen Stahl 1.4197 (X20CrNiMoS13-1), geeignet für eine Automatenbearbeitung (Präzisionsdrehen mit sogenannten Escomaten), ist schematisch der Abb. 4.3 zu entnehmen. Zwischen dem Vor- und Fertigziehen des Drahts sowie als Schlusswärmebehandlung wird das Rekristallisationsglühen vorgenommen. Die Bezeichnung Rekristallisationsglühen verweist auf den Zweck: Glühen in einem Temperaturbereich, wo eine Rekristallisation stattfindet. Diese erfolgt bei Stahl in der Regel zwischen 550 bis 700 °C. Und Rekristallisation bedeutet Kornneubildung, somit die Entfestigung von kalt durch Walzen, Ziehen oder Pressen umgeformten und stark verfestigten Stählen. Deshalb wird das Rekristallisationsglühen zwischen einzelnen Kaltumformschritten und auch danach durchgeführt. Hierbei verliert der Stahl an Sprödigkeit und wird wieder zäh, weich und gut umformbar.

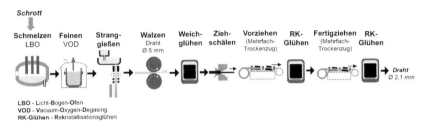

Schrott

| Schmelzen LBO | Feinen VOD | Strang- gießen | Walzen Draht Ø 5 mm | Weich- glühen | Zieh- schälen | Vorziehen (Mehrfach- Trockenzug) | RK- Glühen | Fertigziehen (Mehrfach- Trockenzug) | RK- Glühen |

Draht Ø 2,1 mm

LBO - Licht-Bogen-Ofen
VOD - Vacuum-Oxygen-Degasing
RK-Glühen - Rekristallisationsglühen

Abb. 4.3 Beispiel einer Fertigungsfolge (vereinfacht) für die Herstellung von Draht aus einem nichtrostenden martensitischen Stahl. (Quelle: BGH Edelstahl Lugau GmbH)

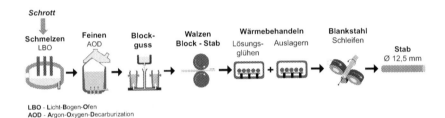

Schrott

| Schmelzen LBO | Feinen AOD | Block- guss | Walzen Block - Stab | Wärmebehandeln Lösungs- glühen   Auslagern | Blankstahl Schleifen |

Stab Ø 12,5 mm

LBO - Licht-Bogen-Ofen
AOD - Argon-Oxygen-Decarburization

Abb. 4.4 Beispiel einer Fertigungsfolge (vereinfacht) für die Herstellung von einem Stab aus einem nichtrostenden, ausscheidungshärtbaren martensitischen Stahl. (Quelle: BGH Edelstahl Lugau GmbH)

Ein Beispiel für eine Fertigungsfolge zur Herstellung eines geschliffenen Stabes aus dem nichtrostenden, ausscheidungshärtbaren martensitischen Stahl 1.4542 (X5CrNiCuNb16-4) zeigt die Abb. 4.4. Der erzeugte Stab hat bei einem Durchmesser von 12,5 mm im lösungsgeglühten, abgeschreckten und ausgelagerten Zustand eine Zugfestigkeit von $R_m = 1070$ bis 1270 N/mm^2.

4.5   Adjustagearbeiten

Zwischen den Hauptfertigungsschritten und am Ende einer Fertigungskette werden in Adjustagelinien die Halbzeuge entzundert, gerichtet, geschält, gereinigt und einer Maß-, Innen- und Oberflächenprüfung unterzogen:

- *Trennen zur Erzielung der von den Kunden gewünschten Maße*
- *Bearbeiten der Schnittkanten, der Knüppel- und Stabenden*
- *Richten zur Sicherung der Geradheitsanforderungen*
- *Oberflächenbehandlung*
- *Qualitätskontrolle* (Zwischen- und Endkontrollen)
- *Endreinigen*
- *Signieren, Farbmarkieren oder Stempeln zur eindeutigen Identifizierung des Produktes*
- *- Zwischenlagern*
- *Fertigmachen* (Konfektionieren)
- *Verpacken und Versenden*

4.6 Mechanische Bearbeitung

Je nach Form, Größe sowie Montagesituation des Fertigproduktes sind unterschiedliche Bearbeitungen am Halbzeug oder Bauteil erforderlich. Diese können z. B. sein: Kantenbearbeitung (Fräsen) an Blechen, Profilen, Rohren zur Vorbereitung von Schweißnähten, Bohren und Gewindeschneiden zur Herstellung von Verbindungen (z. B. an Flanschen, Behältern) oder Drehen und Schleifen von Präzisionsteilen z. B. für Ventile, Wellen, Lagerringe, chirurgische Instrumente u. v. a. m. Haupteinflussgröße auf die Spanbarkeit ist die mit zunehmendem Kohlenstoffgehalt steigende Härte. Zerspanen im weichen, geglühten Zustand, Hartbearbeitung im gehärteten Zustand mit geringer Nachbearbeitung und/oder Verbesserung der Spanbarkeit durch nichtmetallische Einschlüsse sind nutzbare Methoden zur Optimierung des Kostenfaktors spanende Bearbeitung.

4.7 Oberflächenveredeln

Die nichtrostenden martensitischen Stähle haben eine schon gute Korrosionsbeständigkeit, die noch optimiert werden kann, wenn metallisch blanke Oberflächen vorliegen. Deshalb kann es für bestimmte Anwendungen vorteilhaft sein, am Fertigprodukt durch eine abschließende chemische Oberflächenbehandlung (Tauch- oder Sprühbeizen), durch Schleifen, Strahlen, Bürsten, Polieren oder Schwabbeln eventuell vorhandene oxidische Schichten zu entfernen. Und gleichzeitig entstehen so auch optisch ansprechende, hochwertige und leicht zu reinigende Oberflächen. Der Aufwand für eine Oberflächenbearbeitung richtet sich nach den Bedingungen bei der Anwendung, wie Verschmutzungsanfälligkeit,

Reinigungsmöglichkeit, Aussehen bzw. Glanzgrad. Die unterschiedlichen Ober-
flächenausführungen, auch Sonderoberflächen sind in internationalen Normen
beschrieben. Eine Vielzahl von Oberflächenveredlern reinigen, prägen, schleifen,
polieren, schwabbeln, färben mit Lacken oder elektrochemisch, beschichten mit
physikalischer Gasphasenabscheidung PVD oder durch Sputtern und schützen mit
erst bei Fertigstellung abziehbaren Folien die Oberflächen der unterschiedlichsten
Edelstahlprodukte.

Geeignete Nachbehandlungsverfahren, wie z. B. das Passivieren (Entfernen
von leichten Fremdeisenkontaminationen von der Oberfläche), das Elektropolie-
ren von Schweißnähten oder das Reinigen mit Schwämmen, Bürsten, Schleif-
mitteln bzw. auch chemisch von leicht verschmutzten Oberflächen nach längerem
Gebrauch sichern maßgeblich die Korrosionsbeständigkeit der unterschiedlichsten
Produkte aus nichtrostenden martensitischen Stählen.

Hinweis
Generell sollte nichtrostender Stahl, also auch der nichtrostende martensitische
Stahl, getrennt von unlegiertem Stahl verarbeitet und gelagert werden, so dass
keine Kontamination z. B. mit Schleifstäuben aus der Verarbeitung von unlegiertem Stahl erfolgen kann. Eisenpartikel auf Oberflächen von nichtrostendem Stahl
können den sogenannten Flugrost bilden, der dann bei späterer Anwendung des
Bauteils auch zu Lochkorrosion führen kann (IMOA/ISER, 2022).

Anwendungen

5

Die Kombination aus Härte und Korrosionsbeständigkeit sichert den martensitischen Stählen mit deren hohen Kohlenstoffgehalten eine ausgezeichnete
Verschleißbeständigkeit, z. B. für Schneidwaren und Werkzeuge (Messer, Klingen, Formen für Spritzguss und Glasflaschen), für chirurgische Instrumente,
Kugel-, Wälz- und Linearlager, Teile für den Automobil- und Maschinebau, für
die Uhrenindustrie, für das Bauwesen sowie die Öl- und Gasgewinnung und für
den Freizeit- und Sportbereich. Aufwendige, härtesteigernde und korrosionsschüt-
zende Oberflächenbehandlungen, wie sie bei den Edelbaustählen notwendig sind,
können entfallen. Und wie es bei den anderen nichtrostenden Stählen der Fall ist,
kommen dadurch auch die martensitischen Stähle auf lange Produktlebenszeiten.
Und sie sind auch gut recyclebar.

Die Abb. 5.1 zeigt als Bildmosaik einen ersten Eindruck zu den so vielfältigen
und typischen Anwendungen von nichtrostenden martensitischen Stählen.

Aus der Vielzahl der Anwendungen nichtrostender martensitischer Stähle kann
im Rahmen dieses *essentials* nachfolgend nur eine Auswahl von Beispielen mit
zugehörigen Stahlgüten genannt werden (siehe hierzu auch die Quelle (ISER/
ISSF, 2021)).

Automobilbau

Die Anforderungen hinsichtlich hoher Festigkeit, guter Korrosionsbeständigkeit
gegenüber Kraftstoffen und Sicherheit im Automobilbau erfüllen z. B. die Stähle
1.4021, 1.4029, 1.4034, 1.4057, 1.4112, 1.4122, 1.4125, 1.4418 für Wellen, Bauteile
für Einspritzpumpen sowie Teile für Common-Rail-Systeme (z. B. Düsennadeln
für Direkteinspritzung), 1.4542 für Sensoren, 1.4718 und 1.4748 für PKW-Ventile
sowie 1.4923 für Abgasturboladerwellen.

J. Schlegel, *Nichtrostender martensitischer Stahl*, essentials,
https://doi.org/10.1007/978-3-658-44270-5_5

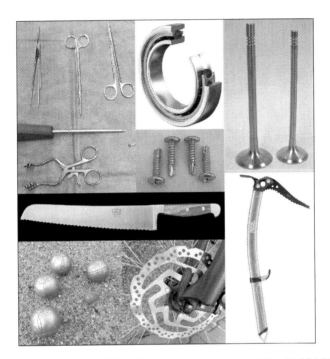

Abb. 5.1 *V.l.n.r. und v.o.n.u.:* Chirurgische Instrumente aus 1.4057 - X17CrNi16-2 ESU (Foto: Bogenschütz, C., Zollernalb Klinikum gGmbH, Balingen), Hochgenauigkeitslager aus 1.4108 (X30CrMoN15-1), Kugeln aus Keramik (Foto: SCHAEFFLER AG, Herzogenaurach), Auslassventile für PKW-Motoren aus 1.4718 - X45CrSi9-3 (Foto: Schlegel, J., BGH Edelstahl Lugau GmbH), selbstschneidende Blechschrauben aus 1.4006 – X12Cr13 (Foto: Schlegel, J.), Profi-Küchenmesser mit Klinge aus 1.4116 - X50CrMoV15, (Foto: Franz Güde GmbH, Solingen), Boule-Kugeln aus 1.4006 - X12Cr13 (Foto: Schlegel, J.), Bremsscheibe an einem Fahrrad aus 1.4028 - X30Cr13 (Foto: Schlegel, J.), Eispickel mit Spitze aus martensitischem Stahl (Foto: Petzl Deutschland, Obersöchering)

Medizintechnik

Neben der Funktionalität (Verschleißfestigkeit, Schnitthaltigkeit u. a.) müssen mehrfach eingesetzte medizinische Instrumente eine hohe Korrosionsbeständigkeit aufweisen. Sie müssen sich gut reinigen lassen, sterilisierbar und biokompatibel sein. Hierfür sind die chemische Zusammensetzung und die Oberflächenqualität (Mikroreinheit, Polierbarkeit) entscheidend. Deshalb kommen für medizinische, chirurgische und zahnärztliche Instrumente hochreine, umgeschmolzene Stähle zum

Einsatz wie z. B. 1.4028 ESU, 1.4034 ESU, 1.4057 ESU, 1.4108 DESU, 1.4122 ESU, 1.4123 ESU, 1.4125 ESU, 1.4542 ESU und 1.4543 ESU.

Schneidwaren und -werkzeuge

Messer sowie spezielle Schneidwerkzeuge (z. B. Skalpelle, Klingen für die Lebensmittelverarbeitung, für Gewerbe, Haushalt und Hobby, wie Klappmesser, Tafelmesser, Küchenmesser, Rasierklingen) mit hoher Schärfe und guter Korrosionsbeständigkeit sind für nichtrostende martensitische Stähle typische Anwendungen. Stähle mit hoher metallurgischer Reinheit, gut polierbar, mit hoher Härte und feinkörnigem Gefüge, wie z. B. 1.4028, 1.4116 und 1.4122, werden hierfür verwendet. Sachgerecht mit und ohne Verzahnung geschliffen, bieten sie beste Schneideigenschaften.

Maschinenbau

Als Hochleistungsstähle werden im Maschinenbau nichtrostende martensitische Stähle mit ihren hohen Festigkeiten bei guter Korrosionsbeständigkeit vielfältig genutzt, z. B. 1.4006 für Verbindungselemente (selbstschneidende Schrauben zur Befestigung dünner Bleche), 1.4418 und 1.4542 für Pumpengehäuse, Impeller und Wellen, Ventilgehäuse, Spindeln, Rohrverbinder, Extruder in der Lebensmittelindustrie, Förderbänder, Teile für lithografische Geräte, Wägezellen u. v. a. m.

Öl und Gas

Die spezifischen Bedingungen bei der Öl- und Gasförderung (Temperaturen, H_2S-Gehalte, Chloridkonzentrationen und CO_2-Belastungen) erfordern hinsichtlich Langlebigkeit bei geringem Wartungsaufwand, z. B. für Rohre im Offshore-Betrieb, den Einsatz von hochkorrosionsbeständigen martensitischen Stählen wie die supermartensitischen 13Cr- und 17Cr-Sorten.

Wasserkraftwerke

Der nichtrostende martensitische Stahl 1.4313 mit guten Zähigkeitseigenschaften ist besonders gut geeignet für Teile von Wasserkraftwerken, wie Turbinenteile, Gehäuse, Turbinenwellen und Saugrohre.

Bauwesen

Im Vergleich zum Einsatz von austenitischen Stählen werden für einige Anwendungen im Bauwesen auch die langlebigen, kostengünstigeren martensitischen Stähle mit ihren geringeren Wärmausdehnungskoeffizienten eingesetzt, wie z. B. 1.4006 als Bewehrungsstahl.

Luftfahrtechnik
Für viele Anwendungen kommen die nichtrostenden martensitischen Stähle 1.4542 und 1.4545 zum Einsatz: Teile für Hydrauliksysteme und Fahrwerke, für Wellen sowie Befestigungsmittel.

Kugel-, Wälz- und Linearlager
Der Klassiker für Wälzlager ist der 1.3505 (100Cr6). Für Anwendungen mit besonders hohen Anforderungen hinsichtlich der Korrosionsbeständigkeit von Speziallagern kommen die martensitischen Stähle 1.4034, 1.4108, 1.4116, 1.4123 und 1.4125 zum Einsatz.

Formwerkzeuge für Spritzguss und Glasflaschen
Die Verschleißbeständigkeit beim Spritzgießen (Abformen von unzähligen Teilen) sowie die korrosive Beanspruchung durch die Polymere sind die Hauptkriterien zum Einsatz von nichtrostenden martensitischen Stählen, wie z. B. von 1.4057 und 1.4122, für Spritzgussformen für Kunststoffe.

Formwerkzeuge zur Herstellung von Glasflaschen mit hoher Oberflächenqualität und Beständigkeit gegen Temperaturzyklen werden üblicherweise aus den Stählen 1.4057 und 1.4542 hergestellt.

Sonstige Anwendungsbeispiele – Freizeit/Sport/Haushalt
Für verschleißbeanspruchte Anwendungen, auch unter korrosiver, zum Teil flüssiger Umgebung, sind die nichtrostenden martensitischen Stähle gut geeignet, z. B. 1.4028 für Bremsscheiben an Fahrrädern und Motorrädern, 1.4125 für Düsen von Hochdruckreinigern, 1.4006 für Boule-Kugeln der höchsten Qualitätskategorie, 1.4006 und 1.4542 für Fahrradrahmen, Segelausrüstungen und spezielle Sportausrüstungen, wie z. B. für Eispickel.

Werkstoffdaten

6

Nachfolgend werden relevante Werkstoffdaten für nichtrostende martensitische Stähle zusammengefasst, wie:

- *äquivalente Normen und Bezeichnungen, übliche Handelsnamen*
- *chemische Zusammensetzungen (Richtanalysen)*
- *physikalische Eigenschaften*
- *mechanische Eigenschaften*
- *thermische Behandlungen (Warmumformen, Glühen, Härten, Lösungsglühen, Auslagern)*
- *Anwendungen*

Für diese Auswahl wurden die in der Praxis häufigsten und gängigsten martensitischen Stähle herangezogen. In der Reihenfolge steigender Werkstoffnummern werden deren Datenblätter angegeben. Als Quellen dienten Daten zu den Werkstoffen gemäß der gültigen Norm EN10088-3 sowie Werkstoffdatenblätter der Stahlhersteller und Stahlhändler, aus dem Stahlschlüssel (Wegst & Wegst, 2019) und aus Publikationen wie z. B. (ISER/ISSF, 2021).

Hinweis

Die in den nachfolgenden Datenblättern eingetragenen Werte, z. B. für die mechanischen Eigenschaften, sind nur als Richtwerte anzuschen und nicht einer speziellen Halbzeugform (Blech, Stab, Draht, Profil, Rohr) zuordenbar.

Die Stahlhersteller weisen in ihren Werkstoffdatenblättern oft nur einen Wert oder engere Toleranzen für die Gehalte an Legierungselementen aus. Auf diese

© Der/die Autor(en), exklusiv lizenziert an Springer Fachmedien Wiesbaden GmbH, ein Teil von Springer Nature 2024
J. Schlegel, *Nichtrostender martensitischer Stahl*, essentials,
https://doi.org/10.1007/978-3-658-44270-5_6

Herstellerangaben und auf weitere herstellerspezifische Daten kann im Rahmen dieses *essential* nicht eingegangen werden.

1.4005 (X12CrS13)

Nichtrostender martensitischer Chrom-Stahl mit Schwefelzusatz (Automatenstahl) für beste Zerspanbarkeit, geringe Korrosionsbeständigkeit und Oberflächenqualität wegen Schwefelgehalt, geringer als die vom 1.4006 (X12Cr13). Der 1.4005 wird auf dem Markt auch als ferritischer nichtrostender Automatenstahl bezeichnet.

Übliche Handelsnamen:
CHRONIFER® Labor 13% (L. Klein, CH), Ergste 1.4005 IU (Zapp)

Äquivalente Normen und Bezeichnungen:

Deutschland: DIN EN 10088-3 1.4005 (X12CrS13)			*UNS:*	S41600
USA:	AISI	416	*China:*	
	ASTM	F899	*Schweden:* SIS	2380
Japan:	JIS	SUS 416	*Spanien:*	
England:	B.S.	416S21	*Frankreich:* AFNOR	Z11CF13

Richtanalyse (in Masse-%)

	C	Si	Mn	P	S	Cr	Ni	Mo	V	Sonstige
min.	0,080	-	-	-	0,15	12,00	-	-	-	-
max.	0,150	1,00	1,50	0,04	0,35	14,00	-	-	-	-

Physikalische Eigenschaften

Dichte ρ (g/cm³): 7,70

Elektrischer Widerstand R (Ω·mm²/m): 0,60

Spezifische Wärmekapazität c (J/kg·K): 460

Wärmeleitfähigkeit λ (W/m·K) bei 20 °C: 24,9

Magnetisierbar: vorhanden

Wärmeausdehnungskoeffizient α (10^{-6}/K):
20 bis 100 °C   10,5
20 bis 200 °C   11,0
20 bis 300 °C   12,0
20 bis 400 °C   18,5

Mechanische Eigenschaften bei 20 °C, vergütet

Härte	Streckgrenze $R_{p0,2}$	Zugfestigkeit R_m	Dehnung A_5	Elastizitätsmodul E
38 - 42 HRC	≥ 450 N/mm²	650 - 850 N/mm²	≥ 12 %	215 kN/mm²

Thermische Behandlung:		Abkühlung:
Warmumformen	800 bis 1100 °C	
Weichglühen	745 bis 825 °C	langsame Abkühlung bis 600 °C, Luft
Härten	950 bis 1000 °C	Öl, Luft
Anlassen	680 bis 780 °C	

Hinweis zur spanenden Bearbeitung:	beste Zerspanbarkeit
Schweißbarkeit:	sehr schlecht schweißbar

Anwendungen:
Maschinenbau/Anlagenbau: Bolzen. Muttern, Schrauben, Zahnräder, Teile für Agro- und Ernährungsindustrie, Erdöl- und Petrochemie, elektronische Ausrüstungen, Nachfrage auf Markt fallend

1.4006 (X12Cr13)

Nichtrostender martensitischer Chromstahl, im Vergleich zum 1.4005 wegen geringem S-Gehalt gut schweißbar und polierbar, bei geschliffener Oberfläche beständig gegen Wasser und Wasserdampf

Übliche Handelsnamen:

NIROSTA® 4006, Böhler N100

Äquivalente Normen und Bezeichnungen:

Deutschland: DIN EN 10088-3 1.4006 (X12Cr13)

USA:	AISI	410		
	ASTM	B6		
Japan:	JIS	SUS 410		
England:	B.S.	410S21		

UNS:		S41000
China:	GB	1C12
Schweden:	SIS	
Russland:	GOST	12Ch13
Frankreich:	AFNOR	Z12C13

Richtanalyse (in Masse-%)

	C	Si	Mn	P	S	Cr	Ni	Mo	V	Sonstige
min.	0,080	-	-	-	-	11,50	-	-	-	-
max.	0,150	1,00	1,50	0,04	-	13,50	0,75	-	-	-

Physikalische Eigenschaften

Dichte ρ (g/cm³): 7,70

Elektrischer Widerstand R ($\Omega \cdot mm^2/m$): 0,60

Spezifische Wärmekapazität c (J/kg·K): 460

Wärmeleitfähigkeit λ (W/m·K) bei 20 °C: 30

Magnetisierbar: vorhanden

Wärmeausdehnungskoeffizient α (10^{-6}/K):

20 bis 100 °C	10,5
20 bis 200 °C	11,0
20 bis 300 °C	11,5
20 bis 400 °C	12,0

Mechanische Eigenschaften bei 20 °C, vergütet

Härte	Streckgrenze $R_{p0,2}$	Zugfestigkeit R_m	Dehnung A_5	Elastizitätsmodul E
-	400 - 450 N/mm²	650 - 850 N/mm²	≥ 15 %	215 kN/mm²

Thermische Behandlung: / Abkühlung:

Warmumformen	800 bis 1100 °C	
Weichglühen	745 bis 825 °C	langsame Abkühlung bis 600 °C, Luft
Härten	950 bis 1000 °C	Öl, Luft
Anlassen	680 bis 780 °C	

Hinweis zur spanenden Bearbeitung: gut spanbar im geglühten und vergüteten Zustand

Schweißbarkeit: gut schweißbar

Anwendungen:

Armaturen- und Pumpenteile, Maschinen- und Schiffsmaschinenbau, Papier-, Textil- und Molkereimaschinen, Medizintechnik, Küchen- und Sportgeräte

1.4021 (X20Cr13)

Nichtrostender martensitischer Chromstahl mit guter Korrosionsbeständigkeit gegenüber nicht chlorhaltigen, mäßig aggressiven Medien (besser korrosionsbeständig als 1.4034 und 1.4035), zunderbeständig bis 600 °C, hochglanzpolierbar, schwierig kaltumformbar

Übliche Handelsnamen:

Corrodur 4021 (DEW), Ergste® 1.4021YB, CHRONIFER® M-4021 (L.Klein, CH)

Äquivalente Normen und Bezeichnungen:

Deutschland: DIN EN 10088-3 1.4021 (X20Cr13)			*UNS:*	S42000
USA:	AISI	420	*China:*	GB
	ASTM	A 276	*Schweden:*	SIS
Japan:	JIS	SUS 420J1	*Russland:*	GOST
England:	B.S.		*Frankreich:*	AFNOR

Richtanalyse (in Masse-%)

	C	Si	Mn	P	S	Cr	Ni	Mo	V	Sonstige
min.	0,160	-	-	-	-	12,00	-	-	-	-
max.	0,250	1,00	1,00	0,04	0,03	14,00	-	-	-	-

Physikalische Eigenschaften

Dichte ρ (g/cm^3): 7,70

Elektrischer Widerstand R ($\Omega \cdot$mm^2/m): 0,60

Spezifische Wärmekapazität c (J/kg·K): 460

Wärmeleitfähigkeit λ (W/m·K) bei 20 °C: 30

Magnetisierbar: vorhanden

Wärmeausdehnungskoeffizient α (10^{-6}/K):
20 bis 100 °C	10,5
20 bis 200 °C	11,0
20 bis 300 °C	11,5
20 bis 400 °C	12,0

Mechanische Eigenschaften bei 20 °C, vergütet QT 800

Härte	Streckgrenze $R_{p0,2}$	Zugfestigkeit R_m	Dehnung A_5	Elastizitätsmodul E
≤ 45 HRC	≥ 600 N/mm^2	800 - 950 N/mm^2	≥ 12 %	215 kN/mm^2

Thermische Behandlung:		*Abkühlung:*
Warmumformen	800 bis 1100 °C	
Weichglühen	745 bis 825 °C	langsame Abkühlung Ofen, Luft
Härten QT 800	950 bis 1050 °C	Öl, Luft
Anlassen QT 800	600 bis 700 °C	Öl, Luft

Hinweis zur spanenden Bearbeitung:	gut (vergleichbar mit einem unlegierten Baustahl)
Schweißbarkeit:	schwierig

Anwendungen:

Allgemeiner Maschinen- und Gerätebau, Chemieindustrie, Petrochemie, Hydraulik, Schneidwaren, chirurgische Instrumente, dekorative Elemente und Haushalt

1.4028 (X30Cr13)

Nichtrostender martensitischer Chromstahl mit guter Beständigkeit gegenüber gemäßigt aggressiven Medien bei feingeschliffener oder polierter Oberfläche, wegen höherem Kohlenstoffgehalt besser härtbar als 1.4021, besitzt verbesserte Dauerfestigkeit, ist polierbar

Übliche Handelsnamen:

1.4028, Ergste® 1.4028BYN, CHRONIFER® M-4028 ESU (L.Klein, CH)

Äquivalente Normen und Bezeichnungen:

Deutschland:	DIN EN 10088-3	1.4028 (X30Cr13)	**UNS:**			S42000
USA:	AISI	420B	**China:**	GB		
	ASTM		**Schweden:**	SIS		
Japan:	JIS	420J2	**Russland:**	GOST		
England:	B.S.	420S45	**Frankreich:**	AFNOR	Z33C13	

Richtanalyse (in Masse-%)

	C	Si	Mn	P	S	Cr	Ni	Mo	V	Sonstige
min.	0,260	-	-	-	-	12,00	-	-	-	-
max.	0,350	1,00	1,50	0,04	0,030	14,00	-	-	-	-

Physikalische Eigenschaften

Dichte ρ (g/cm³): 7,70

Elektrischer Widerstand R ($\Omega \cdot mm^2/m$): 0,65

Spezifische Wärmekapazität c (J/kg·K): 460

Wärmeleitfähigkeit λ (W/m·K) bei 20 °C: 30

Magnetisierbar: vorhanden

Wärmeausdehnungskoeffizient α (10^{-6}/K):
20 bis 100 °C	10,5
20 bis 200 °C	11,0
20 bis 300 °C	11,5
20 bis 400 °C	12,0

Mechanische Eigenschaften bei 20 °C, vergütet QT 850

Härte	Streckgrenze $R_{p0.2}$	Zugfestigkeit R_m	Dehnung A_5	Elastizitätsmodul E
≤ 48 HRC	≥ 650 N/mm²	850 - 1000 N/mm²	≥ 10 %	215 kN/mm²

Thermische Behandlung: / Abkühlung:

Warmumformen	800 bis 1100 °C	langsames Abkühlen
Weichglühen	745 bis 825 °C	langsame Abkühlung Ofen, Luft
Härten QT 850	950 bis 1050 °C	Öl, Luft
Anlassen QT 850	625 bis 675 °C	Öl, Luft

Hinweis zur spanenden Bearbeitung: ähnlich spanbar wie unlegierte Baustähle gleicher Härte

Schweißbarkeit: mittlere Schweißeignung

Anwendungen:

Automobilindustrie, elektronische Ausrüstungen, Maschinenbau, Pumpen- und Ventilkomponenten, Schneidwaren, rotierende Instrumente, Fräser

1.4031 (X39Cr13)

Nichtrostender martensitischer Chromstahl mit guter Beständigkeit gegenüber gemäßigt aggressiven Medien bei feingeschliffener oder polierter Oberfläche, wegen höherem Kohlenstoffgehalt besser härtbar als 1.4028, ist polierbar, gut schmiedbar

Übliche Handelsnamen:

1.4031 (X39Cr13)

Äquivalente Normen und Bezeichnungen:

Deutschland: DIN EN 10088-3 1.4031 (X39Cr13)			UNS:	S42000
USA:	AISI	420	China:	GB
	ASTM	A 276	Schweden:	SIS
Japan:	JIS	SUS 420J1	Russland:	GOST
England:	B.S.	2304	Frankreich:	AFNOR

Richtanalyse (in Masse-%)

	C	Si	Mn	P	S	Cr	Ni	Mo	V	Sonstige
min.	0,360	-	-	-	-	12,50	-	-	-	-
max.	0,420	1,00	1,00	0,04	0,015	14,50	-	-	-	-

Physikalische Eigenschaften

Dichte ρ (g/cm^3): 7,70

Elektrischer Widerstand R ($\Omega \cdot mm^2/m$): 0,65

Spezifische Wärmekapazität c (J/kg·K): 460

Wärmeleitfähigkeit λ (W/m·K) bei 20 °C: 30

Magnetisierbar: vorhanden

Wärmeausdehnungskoeffizient α (10^{-6}/K):

20 bis 100 °C	10,5
20 bis 200 °C	11,0
20 bis 300 °C	11,5
20 bis 400 °C	12,0

Mechanische Eigenschaften bei 20 °C, vergütet QT 800

Härte	Streckgrenze $R_{p0,2}$	Zugfestigkeit R_m	Dehnung A_5	Elastizitätsmodul E
≤ 52 HRC	≥ 650 N/mm^2	800 - 1000 N/mm^2	≥ 10 %	215 kN/mm^2

Thermische Behandlung:		Abkühlung:
Warmumformen	930 bis 1200 °C	langsames Abkühlen
Weichglühen	750 bis 850 °C	langsame Abkühlung Ofen, Luft
Härten QT 800	950 bis 1050 °C	Öl, Luft
Anlassen QT 800	650 bis 700 °C	Öl, Luft

Hinweis zur spanenden Bearbeitung:	mittlere Spanbarkeit
Schweißbarkeit:	1.4031 sollte nicht geschweißt werden

Anwendungen:

Maschinenbau, Medizintechnik, pharmazeutische Industrie, Schneidwarenindustrie, dekorative Zwecke, Kücheneinrichtungen

1.4034 (X46Cr13)

Nichtrostender martensitischer Chromstahl mit hoher Härteannahme bei guter Beständigkeit gegenüber gemäßigt aggressiven Medien, wegen höherem Kohlenstoffgehalt besser härtbar als 1.4031, ist polierbar, gut schmiedbar, hat ausgezeichnete mechanische Eigenschaften

Übliche Handelsnamen:

1.4034 (X46Cr13), CHRONIFER® M-13 ESU (L.Klein, CH)

Äquivalente Normen und Bezeichnungen:

Deutschland: DIN EN 10088-3 1.4034 (X46Cr13)			**UNS:**		S42000
USA:	AISI	420	**China:**	GB	
	ASTM F899	Typ 420C	**Schweden:**	SIS	
Japan:	JIS		**Russland:**	GOST	
England:	B.S.	420S45	**Frankreich:** AFNOR		Z44C14

Richtanalyse (in Masse-%)

	C	Si	Mn	P	S	Cr	Ni	Mo	V	Sonstige
min.	0,430	-	-	-	-	12,50	-	-	-	-
max.	0,500	1,00	1,00	0,04	0,015	14,50	-	-	-	-

Physikalische Eigenschaften

Dichte ρ (g/cm³): 7,70

Elektrischer Widerstand R ($\Omega \cdot mm^2/m$): 0,55

Spezifische Wärmekapazität c (J/kg·K): 460

Wärmeleitfähigkeit λ (W/m·K) bei 20 °C: 30

Magnetisierbar: vorhanden

Wärmeausdehnungskoeffizient α (10^{-6}/K):

20 bis 100 °C	10,5
20 bis 200 °C	11,0
20 bis 300 °C	11,5
20 bis 400 °C	12,0

Mechanische Eigenschaften bei 20 °C, vergütet QT 850

Härte	Streckgrenze $R_{p0,2}$	Zugfestigkeit R_m	Dehnung A_5	Elastizitätsmodul E
≤ 55 HRC	650 - 700 N/mm²	850 - 1150 N/mm²	≤ 10 %	215 kN/mm²

Thermische Behandlung:

		Abkühlung:
Warmumformen	930 bis 1200 °C	langsames Abkühlen
Weichglühen	750 bis 850 °C	langsame Abkühlung Ofen, Luft
Härten QT 800	950 bis 1050 °C	Öl, Luft
Anlassen QT 800	650 bis 700 °C	Öl, Luft

Hinweis zur spanenden Bearbeitung: schlecht

Schweißbarkeit: schlecht

Anwendungen:

Maschinenbau, Medizintechnik, pharmazeutische Industrie, Schneidwarenindustrie, Wälzlagerindustrie, Automobilindustrie, Energietechnik

1.4035 (X46CrS13)

Nichtrostender martensitischer Chromstahl mit definiertem Schwefelgehalt (Automatenstahl) für gute Zerspanung, mit nur zufriedenstellender Korrosionsbeständigkeit im Wasser und Wasserdampf im polierten Zustand, Verschleißbeständigkeit mit 1.4034 vergleichbar, nicht glanzpolierbar

Übliche Handelsnamen:

1.4035 (X46CrS13), CHRONIFER® Labor M-13 ESU (L.Klein, CH)

Äquivalente Normen und Bezeichnungen:

Deutschland: DIN EN 10088-3 1.4035 (X46CrS13)			*UNS:*		S42020
USA:	AISI	420 F	*China:*	GB	
	ASTM F899	Typ 420 F	*Schweden:*	SIS	
Japan:	JIS	SUS 420 F	*Russland:*	GOST	
England:	B.S.		*Frankreich:*	AFNOR	

Richtanalyse (in Masse-%)

	C	Si	Mn	P	S	Cr	Ni	Mo	V	Sonstige
min.	0,430	-	-	-	0,150	12,50	-	-	-	-
max.	0,500	1,00	2,00	0,04	0,350	14,50	-	-	-	-

Physikalische Eigenschaften

Dichte ρ (g/cm³): 7,71

Elektrischer Widerstand R ($\Omega \cdot mm^2/m$): 0,55

Spezifische Wärmekapazität c (J/kg·K): 460

Wärmeleitfähigkeit λ (W/m·K) bei 20 °C: 30

Magnetisierbar: vorhanden

Wärmeausdehnungskoeffizient α (10^{-6}/K):
20 bis 100 °C	**10,5**
20 bis 200 °C	**10,9**
20 bis 300 °C	**11,5**
20 bis 400 °C	**12,0**

Mechanische Eigenschaften bei 20 °C, vergütet

Härte	Streckgrenze $R_{p0,2}$	Zugfestigkeit R_m	Dehnung A_5	Elastizitätsmodul E
≤ 55 HRC	650 - 700 N/mm²	850 - 1150 N/mm²	≤ 10 %	215 kN/mm²

Thermische Behandlung:		*Abkühlung:*
Warmumformen	930 bis 1150 °C	langsames Abkühlen
Weichglühen	750 bis 830 °C	langsame Abkühlung Ofen, Luft
Härten	950 bis 1050 °C	Öl, Luft
Anlassen	625 bis 675 °C	Öl, Luft
Hinweis zur spanenden Bearbeitung:		sehr gut
Schweißbarkeit:		Schweißen nicht empfohlen

Anwendungen:

Chirurgische Instrumente, Schneidwerkzeuge (Scheren, Schaberklingen), Knochenfräser, Bohrer, Dentalinstrumente

1.4037 (X65Cr13)

Nichtrostender martensitischer Chromstahl mit hohem Kohlenstoffgehalt, somit hoher Härteannahme (besser härtbar als 1.4034) verbunden mit guter Korrosionsbeständigkeit in gemäßigt aggressiven Medien

Übliche Handelsnamen:

1.4037 (X65Cr13), Ergste® 1.4037YR

Äquivalente Normen und Bezeichnungen:

Deutschland: DIN EN 10088-3 1.4037 (X65Cr13)

USA:	AISI	**UNS:**	
	ASTM F899	**China:**	GB
Japan:	JIS	**Schweden:**	SIS
England:	B.S.	**Russland:**	GOST
		Frankreich:	AFNOR

Richtanalyse (in Masse-%)

	C	Si	Mn	P	S	Cr	Ni	Mo	V	Sonstige
min.	0,580	-	-	-	-	12,50	-	-	-	-
max.	0,700	1,00	1,00	0,04	0.015	14,50	-	-	-	-

Physikalische Eigenschaften

Dichte ρ (g/cm³): 7,70

Elektrischer Widerstand R ($\Omega \cdot$ mm²/m): 0,55

Spezifische Wärmekapazität c (J/kg·K): 460

Wärmeleitfähigkeit λ (W/m·K) bei 20 °C: 30

Magnetisierbar: vorhanden

Wärmeausdehnungskoeffizient α (10^{-6}/K):

20 bis 100 °C	10,5
20 bis 200 °C	11,0
20 bis 300 °C	11,5
20 bis 400 °C	12,0

Mechanische Eigenschaften bei 20 °C, weichgeglüht

Härtbarkeit	Streckgrenze $R_{p0,2}$	Zugfestigkeit R_m	Dehnung A_5	Elastizitätsmodul E
≤ 60 HRC	-	≤ 850 N/mm²	-	-

Thermische Behandlung: / Abkühlung:

Warmumformen	1050 bis 1150 °C	langsames Abkühlen
Weichglühen	750 bis 850 °C	langsame Abkühlung Ofen, Luft
Härten	bis 1150 °C	Öl, Luft
Anlassen	bis 700 °C	Öl, Luft

Hinweis zur spanenden Bearbeitung: ähnlich wie Baustähle gleicher Härte

Schweißbarkeit: Schweißen nicht empfohlen

Anwendungen:

Chirurgische Instrumente, Schneidwerkzeuge (Scheren, Schaberklingen), Knochenfräser, Bohrer, Dentalinstrumente, Kugellager, Waagenzubehör, Werkzeugindustrie

1.4057 (X17CrNi16-2)

Nichtrostender martensitischer Chrom-Nickel-Stahl mit hoher Festigkeit bei guter Zähigkeit, mit guter Korrosionsbeständigkeit, hochglanzpolierfähig, für Gebrauchstemperaturen bis 400 °C verwendbar

Übliche Handelsnamen:

1.4057 (X17CrNi16-2), Stainless Steel - 431, CHRONIFER® M-15 ESU (L.Klein, CH)

Äquivalente Normen und Bezeichnungen:

Deutschland: DIN EN 10088-3 1.4057 (X17CrNi16-2)			*UNS:*		S43100
USA:	AISI	431	*China:*	GB	
	ASTM F899	A276, A479	*Schweden:*	SIS	2321
Japan:	JIS	SUS 431	*Russland:*	GOST	
England:	B.S.	431S29	*Frankreich:*	AFNOR	Z15CN16-02

Richtanalyse (in Masse-%)

	C	Si	Mn	P	S	Cr	Ni	Mo	V	Sonstige
min.	0,120	-	-	-	-	15,00	1,50	-	-	-
max.	0,220	1,00	1,00	0,04	0.03	17,00	2,50	-	-	-

Physikalische Eigenschaften

Dichte ρ (g/cm³): 7,70

Elektrischer Widerstand R (Ω·mm²/m): 0,70

Spezifische Wärmekapazität c (J/kg·K): 460

Wärmeleitfähigkeit λ (W/m·K) bei 20 °C: 25

Magnetisierbar: vorhanden

Wärmeausdehnungskoeffizient α (10⁻⁶/K):
20 bis 100 °C	10,0
20 bis 200 °C	10,5
20 bis 300 °C	10,5
20 bis 400 °C	10,5

Mechanische Eigenschaften bei 20 °C, vergütet QT 900

Härtbarkeit	Streckgrenze $R_{p0,2}$	Zugfestigkeit R_m	Dehnung A_5	Elastizitätsmodul E
-	≥ 700 N/mm²	900 - 1050 N/mm²	≥ 12 %	215 kN/mm²

Thermische Behandlung:		Abkühlung:
Warmumformen	1050 bis 1150 °C	langsames Abkühlen
Weichglühen	680 bis 800 °C	langsame Abkühlung Ofen, Luft
Härten QT 900	950 bis 1050 °C	Öl, Luft
Anlassen	600 bis 650 °C	Öl, Luft

Hinweis zur spanenden Bearbeitung:	mittlere Spanbarkeit
Schweißbarkeit:	Schweißen mit Schweißzusatz 1.4430 oder 1.4370

Anwendungen:

Automobilindustrie, chemische Industrie, Erdöl- und petrochemische Industrie, Luftfahrt, Maschinen- und Gerätebau, medizinische und orthopädische Instrumente, Wasser- und Abwasserbehandlung, Textilindustrie, Feinwerktechnik

1.4104 (X14CrMoS17)

Nichtrostender martensitischer Chrom-Nickel-Stahl mit bester Zerspanbarkeit wegen erhöhtem Schwefelzusatz, Korrosionsbeständigkeit jedoch dadurch verringert, bietet guten Kompromiss zwischen mechanischen Eigenschaften, Zerspanbarkeit und Korrosionsbeständigkeit, nicht hochglanzpolierbar

Übliche Handelsnamen:

1.4104 (X14CrMoS17), Corodur 4104 (DEW), Ergste® 1.4104YN

Äquivalente Normen und Bezeichnungen:

Deutschland: DIN EN 10088-3 1.4104 (X14CrMoS17)

USA:	AISI	430F	**UNS:**		S43020
	ASTM F899		**China:**	GB	
Japan:	JIS	SUS 430F	**Schweden:**	SIS	2383
England:	B.S.		**Russland:**	GOST	
			Frankreich:	AFNOR	Z13CF17

Richtanalyse (in Masse-%)

	C	Si	Mn	P	S	Cr	Ni	Mo	V	Sonstige
min.	0,100	-	-	-	0,150	15,50	-	0,20	-	-
max.	0,170	1,00	1,50	0,04	0,350	17,50	-	0,60	-	-

Physikalische Eigenschaften

Dichte ρ (g/cm³): 7,70

Elektrischer Widerstand R ($\Omega \cdot mm^2/m$): 0,70

Spezifische Wärmekapazität c (J/kg·K): 460

Wärmeleitfähigkeit λ (W/m·K) bei 20 °C: 25

Magnetisierbar: vorhanden

Wärmeausdehnungskoeffizient α ($10^{-6}/K$):
20 bis 100 °C   10,0
20 bis 200 °C   10,5
20 bis 300 °C   10,5
20 bis 400 °C   10,5

Mechanische Eigenschaften bei 20 °C, vergütet QT 650

Härtbarkeit	Streckgrenze $R_{p0,2}$	Zugfestigkeit R_m	Dehnung A_5	Elastizitätsmodul E
≤ 40 HRC	≥ 500 N/mm²	650 - 850 N/mm²	≥ 12 %	216 kN/mm²

Thermische Behandlung:		Abkühlung:
Warmumformen	800 bis 1100 °C	langsames Abkühlen an Luft
Weichglühen	750 bis 850 °C	langsame Abkühlung Ofen, Luft
Härten QT 900	950 bis 1070 °C	Öl, Luft
Anlassen	550 bis 650 °C	Luft

Hinweis zur spanenden Bearbeitung: wegen S-Gehalt besser als andere 12- und 17 %ige Cr-Stähle

Schweißbarkeit: nicht üblich wegen Mangansulfideinschlüssen

Anwendungen:

Schrauben und Muttern, Maschinenbau, Elektronikanwendungen, dekorative Elemente z. B. für Kücheneinrichtungen, Teile für Automobilindustrie, Spindeln, Teile für Hydraulik, Konstruktionsteile für Wasser- und Dampfanwendungen

1.4108 (X30CrMoN15-1)

Nichtrostender martensitischer mit Stickstoff legierter Chrom-Stahl mit hoher Korrosionsbeständigkeit und guter Zähigkeit, bester Polierfähigkeit und hohem Verschleißwiderstand

Übliche Handelsnamen:

1.4108 (X3014CrMoN15-1), Ergste® 1.4108, CHRONIFER® M-4108 (L.Klein, CH),
Cronidur® 30 (Energietechnik Essen)

Äquivalente Normen und Bezeichnungen:

Deutschland: DIN EN 10088-3 1.4108 (X30CrMoN15-1) *UNS:*   S42027

USA:	AISI / SAE	AMS 5898	*China:* GB
	ASTM F899		*Schweden:* SIS
Japan:	JIS		*Russland:* GOST
England:	B.S.		*Frankreich:* AFNOR

Richtanalyse (in Masse-%)

	C	Si	Mn	P	S	Cr	Ni	Mo	V	Sonstige
min.	0,280	0,30	0,30	-	-	14,00	-	0,95	-	N: 0,35 - 0,44
max.	0,340	0,80	0,60	0.02	0,005	16,00	0,30	1,10	-	-

Physikalische Eigenschaften

Dichte ρ (g/cm^3): 7,72

Elektrischer Widerstand R ($\Omega \cdot$mm^2/m): 0,80

Spezifische Wärmekapazität c (J/kg·K): 430

Wärmeleitfähigkeit λ (W/m·K) bei 20 °C: 14

Magnetisierbar: vorhanden

Wärmeausdehnungskoeffizient α (10^{-6}/K):
20 bis 100 °C   10,4
20 bis 200 °C   10,8
20 bis 300 °C   11,2
20 bis 400 °C   11,6

Mechanische Eigenschaften bei 20 °C, vergütet

Härtbarkeit	Streckgrenze $R_{p0,2}$	Zugfestigkeit R_m	Dehnung A_5	Elastizitätsmodul E
≤ 60 HRC	≤ 1850 N/mm^2	≤ 2150 N/mm^2	≥ 3 %	223 kN/mm^2

Thermische Behandlung: Abkühlung:

Warmumformen	1000 bis 1220 °C	langsames Abkühlen an Luft
Weichglühen	750 bis 850 °C	langsame Abkühlung Ofen, Luft
Härten	950 bis 1030 °C	Öl, Luft
Anlassen (2x)	500 bis 600 °C	Luft

Hinweis zur spanenden Bearbeitung: gut bis sehr gut spanbar

Schweißbarkeit: Schweißen nicht empfohlen

Anwendungen:

Medizintechnik, Messerindustrie, Kugelgewindetriebe, Tablettierwerkzeuge, Motoren- und Antriebstechnik Automobilindustrie, Formenbau, Walzenkomponenten, Marinetechnik, Spezialkugellager, schneidende Instrumente

1.4112 (X90CrMoV18)

Nichtrostender martensitischer Chrom-Stahl mit Molybdän- und Vanadiumzusatz, mit hoher Aufhärtbarkeit, guten mechanischen Eigenschaften, hohem Verschleißwiderstand und mit hoher Korrosionsbeständigkeit, polierfähig

Übliche Handelsnamen:

1.4112 (X90CrMoV18), R17X (Dörrenberg Edelstahl), Ergste® 1.4112YL, CHRONIFER® M-17B ESU (L.Klein, CH), REMANIT 4112 (thyssenkrupp)

Äquivalente Normen und Bezeichnungen:

Deutschland:	DIN EN 10088-3	1.4112 (X90CrMoV18)	*UNS:*	S44003
USA:	AISI / SAE	AMS 5898	*China:*	GB
	ASTM F899	~ Typ 440B	*Schweden:*	SIS
Japan:	JIS		*Russland:*	GOST
England:	B.S.		*Frankreich:*	AFNOR

Richtanalyse (in Masse-%)

	C	Si	Mn	P	S	Cr	Ni	Mo	V	Sonstige
min.	0,850	-	-	-	-	17,00	-	0,90	0,07	-
max.	0,950	1,00	1,00	0,04	0,030	19,00	0,30	1,30	0,12	-

Physikalische Eigenschaften

Dichte ρ (g/cm³): 7,70

Elektrischer Widerstand R ($\Omega \cdot mm^2/m$): 0,80

Spezifische Wärmekapazität c (J/kg·K): 430

Wärmeleitfähigkeit λ (W/m·K) bei 20 °C: 15,9

Magnetisierbar: vorhanden

Wärmeausdehnungskoeffizient α (10^{-6}/K):
20 bis 100 °C	10,3
20 bis 200 °C	10,8
20 bis 300 °C	11,2
20 bis 400 °C	11,6

Mechanische Eigenschaften bei 20 °C, vergütet QT 650

Härtbarkeit	Streckgrenze $R_{p0,2}$	Zugfestigkeit R_m	Dehnung A_5	Elastizitätsmodul E
≤ 58 HRC	-	-	-	215 kN/mm²

Thermische Behandlung:		Abkühlung:
Warmumformen	800 bis 1100 °C	
Weichglühen	780 bis 840 °C	langsame Abkühlung Ofen, Luft
Härten	1000 bis 1050 °C	Öl, Druckgas
Anlassen	500 bis 600 °C	Luft

Hinweis zur spanenden Bearbeitung: mittel bis gut spanbar

Schweißbarkeit: Schweißen nicht empfohlen

Anwendungen:

Messer und Schneidwaren, Lochscheiben, Schneckenelemente, Kugellager, Spritz-düsen, chirurgische Schneidwerkzeuge (z. B. Skalpelle), Dentalchirurgie (Bohrer, Fräs-werkzeuge und Sonderwerkzeuge)

1.4122 (X39CrMo17-1)

Nichtrostender martensitischer Chrom-Stahl mit Molybdänzusatz, mit guter Korrosionsbeständigkeit (wie 1.4016) im feingeschliffenem und poliertem Zustand, mit ausgezeichneten mechanischen Eigenschaften, hochglanzpolierfähig

Übliche Handelsnamen:

1.4122 (X39CrMo17-1), AISI 316

Äquivalente Normen und Bezeichnungen:

Deutschland: DIN EN 10088-3 1.4122 (X39CrMo17-1)	*UNS:*	
USA:	AISI / SAE 316	*China:* GB
	ASTM F899	*Schweden:* SIS
Japan:	JIS	*Russland:* GOST
England:	B.S.	*Frankreich:* AFNOR

Richtanalyse (in Masse-%)

	C	Si	Mn	P	S	Cr	Ni	Mo	V	Sonstige
min.	0,330	-	-	-	-	15,50	-	0,80	-	-
max.	0,450	1,00	1,00	0.04	0,015	17,50	1,00	1,30	-	-

Physikalische Eigenschaften

Dichte ρ (g/cm^3): 7,70

Elektrischer Widerstand R (Ω·mm^2/m): 0,65

Spezifische Wärmekapazität c (J/kg·K): 430

Wärmeleitfähigkeit λ (W/m·K) bei 20 °C: 29

Magnetisierbar: vorhanden

Wärmeausdehnungskoeffizient α (10^{-6}/K):
20 bis 100 °C	10,4
20 bis 200 °C	10,8
20 bis 300 °C	11,2
20 bis 400 °C	11,6

Mechanische Eigenschaften bei 20 °C, vergütet

Härtbarkeit	Streckgrenze $R_{p0,2}$	Zugfestigkeit R_m	Dehnung A_5	Elastizitätsmodul E
≤ 51 HRC	≥ 550 N/mm^2	750 - 950 N/mm^2	≥ 12 %	220 kN/mm^2

Thermische Behandlung:		Abkühlung:
Warmumformen	950 bis 1180 °C	
Weichglühen	750 bis 850 °C	langsame Abkühlung Ofen, Luft
Härten	980 bis 1060 °C	Öl, Polymer, Luft
Anlassen QT 750	650 bis 750 °C	Luft

Hinweis zur spanenden Bearbeitung:	mittel bis gut, abhängig von Härte und Festigkeit
Schweißbarkeit:	Schweißen nicht empfohlen

Anwendungen:
Automobilindustrie, Bauindustrie, Lebensmittelindustrie, Maschinenbau, Pumpenwellen, Schneidwaren, Armaturen, Verdichter, Polymerverarbeitung, chirurgische Instrumente

1.4123 (X40CrMoVN16-2)

Nichtrostender, stickstofflegierter martensitischer Chrom-Stahl mit niedrigem S-Gehalt, guter Korrosions- und Verschleißbeständigkeit bei hoher Härte bis 57 HRC und hoher Oberflächengüte

Übliche Handelsnamen:

1.4123 (X40CrMoVN16-2), CHRONIFER® M-15 KL (L.Klein, CH), X15TN™ (Aubert&Duval), Ergste® 1.4123YN

Äquivalente Normen und Bezeichnungen:

Deutschland:	DIN EN 10088-3	1.4123 (X40CrMoVN16-2)	UNS:		S42025
USA:	AISI	420Mod	China:	GB	
	ASTM F899	420Mod	Schweden:	SIS	
Japan:	JIS		Russland:	GOST	
England:	B.S.		Frankreich:	AFNOR	

Richtanalyse (in Masse-%)

	C	Si	Mn	P	S	Cr	Ni	Mo	V	Sonstige
min.	0,350	-	-	-	-	14,00	-	1,00	-	N: 0,10-0,30
max.	0,500	1,00	1,00	0,02	0,005	16,00	0,50	2,50	1,50	-

Physikalische Eigenschaften

Dichte ρ (g/cm³): 7,70

Elektrischer Widerstand R ($\Omega \cdot mm^2/m$): 0,80

Spezifische Wärmekapazität c (J/kg·K): 460

Wärmeleitfähigkeit λ (W/m·K) bei 20 °C: 30

Magnetisierbar: vorhanden

Wärmeausdehnungskoeffizient α (10^{-6}/K):

20 bis 100 °C	10,4
20 bis 200 °C	
20 bis 300 °C	10,5
20 bis 400 °C	
20 bis 500 °C	10,8

Mechanische Eigenschaften bei 20 °C, weichgeglüht

Härtbarkeit	Streckgrenze $R_{p0,2}$	Zugfestigkeit R_m	Dehnung A_5	Elastizitätsmodul E
≤ 58 HRC	≥ 550 N/mm²	ca. 820 N/mm²	≥ 16 %	195 kN/mm²

Thermische Behandlung:

		Abkühlung:
Warmumformen	1000 bis 1100 °C	langsame Abkühlung
Weichglühen	800 bis 880 °C	langsame Abkühlung Ofen, Luft
Härten	950 bis 1050 °C	Öl, Luft
Anlassen	180 bis 550 °C	Luft (400 - 580 °C vermeiden wegen Versprödungsgefahr)

Hinweis zur spanenden Bearbeitung: schwierig bis befriedigend

Schweißbarkeit: Schweißen nicht empfohlen

Anwendungen:

Kugel- und Rollenlager, schneidende Werkzeuge wie Bohrer, Gewindeschneider, Fräser, Instrumente für Medizin, Chirurgie, Dentalindustrie, Automobilindustrie – Einspritzsysteme u.a.

1.4125 (X105CrMo17)

Nichtrostender, martensitischer Chrom-Stahl mit dem höchsten Kohlenstoffgehalt in der Gruppe der Chromstähle, somit weist er eine sehr gute Härtbarkeit auf und kann bis ca. 60 HRC gehärtet werden, dadurch besitzt er eine ausgezeichnete Schneidhärte, Schnitthaltigkeit und Verschleißbeständigkeit, Korrosionsbeständigkeit begrenzt, polierbar

Übliche Handelsnamen:

1.4125 (X105CrMo17), CHRONIFER® M-17C ESU

Äquivalente Normen und Bezeichnungen:

Deutschland:	DIN EN 10088-3	1.4125 (X105CrMo17)	*UNS:*		S44004
USA:	AISI	440	*China:*	GB	
	ASTM F899	440C	*Schweden:*	SIS	
Japan:	JIS	SUS 440C	*Russland:*	GOST	95Ch18
England:	B.S.		*Frankreich:*	AFNOR	

Richtanalyse (in Masse-%)

	C	Si	Mn	P	S	Cr	Ni	Mo	V	Sonstige
min.	0,950	-	-	-	-	16,00	-	0,40	-	-
max.	1,200	1,00	1,00	0,04	0,015	18,00	-	0,80	-	-

Physikalische Eigenschaften

Dichte ρ (g/cm³): 7,70

Elektrischer Widerstand R ($\Omega \cdot mm^2$/m): 0,80

Spezifische Wärmekapazität c (J/kg·K): 430

Wärmeleitfähigkeit λ (W/m·K) bei 20 °C: 15

Magnetisierbar: vorhanden

Wärmeausdehnungskoeffizient α (10^{-6}/K):

20 bis 100 °C	10,4
20 bis 200 °C	10,8
20 bis 300 °C	11,2
20 bis 400 °C	11,6
20 bis 500 °C	12,0

Mechanische Eigenschaften bei 20 °C, weichgeglüht

Härtbarkeit	Streckgrenze $R_{p0,2}$	Zugfestigkeit R_m	Dehnung A_5	Elastizitätsmodul E
≤ 60 HRC	≥ 450 N/mm²	ca. 750 N/mm²	≥ 14 %	215 kN/mm²

Thermische Behandlung:		Abkühlung:
Warmumformen	930 bis 1100 °C	langsame Abkühlung
Weichglühen	780 bis 840 °C	langsame Abkühlung Ofen auf 590 °C, Luft
Härten	1000 bis 1050 °C	Öl, Polymer, Luft
Anlassen	180 bis 425 °C	Luft

Hinweis zur spanenden Bearbeitung: mittelmäßig

Schweißbarkeit: schwierig, nicht empfohlen

Anwendungen:

Messer und Schneidwaren für die Lebensmittel- und medizinische Industrie, z. B. Form- und Spaltmesser, medizinische Werkzeuge, Bohrer und Meißel, Ventile und Ventilführungen, Spezialkugellager

1.4197 (X20CrNiMoS13-1)

Nichtrostender, martensitischer 13%-Chrom-Stahl mit erhöhter Korrosionsbeständigkeit durch Legieren mit Mo und Ni, mit guter Verschleißbeständigkeit, Zusatz von Schwefel sichert gute Zerspanbarkeit, polierbar

Übliche Handelsnamen:

1.4197 (X20CrNiMoS13-1), **ERGSTE®** 1.4197YU, 420F, **CHRONIFER®** Labor **M-Plus** (L.Klein SA, CH)

Äquivalente Normen und Bezeichnungen:

Deutschland:	DIN EN 10088-3	1.4197 (X20CrNiMoS13-1)	*UNS:*
USA:	AISI	420F Mod	*China:* GB
	ASTM F899	420F	*Schweden:* SIS
Japan:	JIS		*Russland:* GOST
England:	B.S.		*Frankreich:* AFNOR

Richtanalyse (in Masse-%)

	C	Si	Mn	P	S	Cr	Ni	Mo	V	Sonstige
min.	0,200	-	-	-	0,150	12,50	0,75	1,10	-	-
max.	0,260	1,00	2,00	0,04	0,270	14,00	1,50	1,50	-	-

Physikalische Eigenschaften

Dichte ρ (g/cm³): 7,70
Elektrischer Widerstand R ($\Omega \cdot mm^2/m$): 0,55
Spezifische Wärmekapazität c (J/kg·K): 460
Wärmeleitfähigkeit λ (W/m·K) bei 20 °C: 30
Magnetisierbar: vorhanden

Wärmeausdehnungskoeffizient α (10^{-6}/K):
20 bis 100 °C	10,5
20 bis 200 °C	11,0
20 bis 300 °C	11,5
20 bis 400 °C	12,0
20 bis 500 °C	

Mechanische Eigenschaften bei 20 °C, weichgeglüht

Härtbarkeit	Streckgrenze $R_{p0,2}$	Zugfestigkeit R_m	Dehnung A_5	Elastizitätsmodul E
≤ 53 HRC	≥ 400 N/mm²	650 - 850 N/mm²	≤ 25 %	215 kN/mm²

Thermische Behandlung:

Warmumformen	800 bis 1050 °C	langsame Abkühlung
Weichglühen	740 bis 780 °C	langsame Abkühlung Ofen, Luft
Härten	1000 bis 1050 °C	Öl, Polymer, Schutzgas
Anlassen	100 bis 300 °C	Luft

Hinweis zur spanenden Bearbeitung: optimal im leicht verfestigten Zustand (R_m = 800 - 950 N/mm²)
Schweißbarkeit: bedingt schweißbar

Anwendungen:

Dentalinstrumente, chirurgische Instrumente, Schneidwerkzeuge wie Knochenbohrer, Scheren, Schaberklingen, chirurgische Nadeln, Teile für Uhrenindustrie

1.4313 (X3CrNiMo13-4)

Nichtrostender, weichmartensitischer Cr-Ni-Stahl mit guter Zähigkeit und mittlerer Korrosionsbeständigkeit in chloridfreien, mäßig korrosiven Medien, polierbar, Einsatz im Temperaturbereich von -60 bis 350 °C mit hohem Verschleißwiderstand und hoher Ermüdungsfestigkeit.

Übliche Handelsnamen:

1.4313 (X3CrNiMo13-4), Sandvik 1050SM, Acidur 4313 (DEW), REMANIT-4313 (thyssenkrupp)

Äquivalente Normen und Bezeichnungen:

Deutschland:	DIN EN 10088-3	1.4313 (X3CrNiMo13-4)	*UNS:*		S41500
USA:	AISI		*China:*	GB	
	ASTM-A	182-F6NM430F	*Schweden:*	SIS	
Japan:	JIS	SCS5	*Russland:*	GOST	
England:	B.S.	425C11	*Frankreich:*	AFNOR	Z6CN13-04

Richtanalyse (in Masse-%)

	C	Si	Mn	P	S	Cr	Ni	Mo	V	Sonstige
min.	-	-	-	-	0,150	12,00	3,50	0,30	-	N: ≥ 0,020
max.	0,050	0,70	1,50	0,03	0,270	14,00	4,50	0,70	-	-

Physikalische Eigenschaften

Dichte ρ (g/cm^3): 7,70

Elektrischer Widerstand R ($\Omega \cdot$mm^2/m): 0,60

Spezifische Wärmekapazität c (J/kg·K): 460

Wärmeleitfähigkeit λ (W/m·K) bei 20 °C: 25

Magnetisierbar: vorhanden

Wärmeausdehnungskoeffizient α (10^{-6}/K):

20 bis 100 °C	10,5
20 bis 200 °C	10,9
20 bis 300 °C	11,3
20 bis 400 °C	11,6
20 bis 500 °C	

Mechanische Eigenschaften bei 20 °C, vergütet QT 900

Härtbarkeit	Streckgrenze $R_{p0,2}$	Zugfestigkeit R_m	Dehnung A_5	Elastizitätsmodul E
QT 900	≥ 800 N/mm^2	900 - 1100 N/mm^2	≤ 12 %	200 kN/mm^2

Thermische Behandlung:

		Abkühlung:
Warmumformen	900 bis 1050 °C	langsame Abkühlung
Weichglühen	600 bis 650 °C	langsame Abkühlung Ofen, Luft
Härten	950 bis 1050 °C	Öl, Polymer, Luft
Anlassen (z. B. QT 900)	520 bis 580 °C	Luft oder Wasser

Hinweis zur spanenden Bearbeitung: Spanbarkeit abhängig von Härte und Festigkeit

Schweißbarkeit: mit üblichen Lichtbogenschweißverfahren schweißbar

Anwendungen:

Wasserkraftturbinen, Erdölindustrie, Petrochemie, Armaturen, Pumpen, Kompressoren, Werkzeug- und Formenbau, Verschlussbolzen von Behältern für radioaktiven Abfall, Sicherungsbolzen für Untertage-Abstützsysteme

1.4418 (X4CrNiMo16-5-1)

Nichtrostender, weichmartensitischer Cr-Ni-Mo-Stahl mit sehr guter Korrosionsbeständigkeit in aggressiven Medien, mit sehr guten mechanischen Eigenschaften, polierbar, bis 400 °C verwendbar, auch für Tieftemperaturen geeignet, gut schweißbar.

Übliche Handelsnamen:

1.4418 (X4CrNiMo16-5-1)

Äquivalente Normen und Bezeichnungen:

Deutschland:	DIN EN 10088-3 1.4418 (X4CrNiMo16-5-1)	*UNS:*		
USA:	AISI	*China:*	GB	
	ASTM	*Schweden:*	SIS	3287
Japan:	JIS	*Russland:*	GOST	
England:	B.S.	*Frankreich:*	AFNOR	Z6CND16-05-01

Richtanalyse (in Masse-%)

	C	Si	Mn	P	S	Cr	Ni	Mo	V	Sonstige
min.	-	-	-	-	0,150	15,00	4,00	0,80	-	N: ≥ 0,020
max.	0,060	0,70	1,50	0,04	0,270	17,00	6,00	1,50	-	-

Physikalische Eigenschaften

Dichte ρ (g/cm³): 7,70

Elektrischer Widerstand R ($\Omega \cdot$mm²/m): 0,70

Spezifische Wärmekapazität c (J/kg·K): 430

Wärmeleitfähigkeit λ (W/m·K) bei 20 °C: 15

Magnetisierbar: vorhanden

Wärmeausdehnungskoeffizient α (10^{-6}/K):

20 bis 100 °C	10,8
20 bis 200 °C	10,8
20 bis 300 °C	11,2
20 bis 400 °C	11,6
20 bis 500 °C	

Mechanische Eigenschaften bei 20 °C, weichgeglüht

Härtbarkeit	Streckgrenze $R_{p0,2}$	Zugfestigkeit R_m	Dehnung A_5	Elastizitätsmodul E
QT 900	≥ 750 N/mm²	≤ 1100 N/mm²	≤ 16 %	200 kN/mm²

Thermische Behandlung:		*Abkühlung:*
Warmumformen	950 bis 1180 °C	langsame Abkühlung
Weichglühen	600 bis 650 °C	langsame Abkühlung Ofen, Luft
Härten	950 bis 1050 °C	Öl, Polymer, Luft
Anlassen (z. B. QT 900)	550 bis 620 °C	Luft oder Wasser
Hinweis zur spanenden Bearbeitung:		mäßig
Schweißbarkeit:		mit üblichen Verfahren schweißbar

Anwendungen:

Automobilindustrie, chemische Industrie, Luft- und Raumfahrtindustrie, Maschinenbau, Schiffbau mit steigender Nachfrage auf dem Markt

1.4534 (X3CrNiMoAl13-8-2)

Nichtrostender, martensitischer ausscheidungshärtbarer Cr-Ni-Stahl mit hoher Festigkeit und Zähigkeit, guter Korrosionsbeständigkeit, mit sehr guten mechanischen Eigenschaften, gut schmiedbar und schweißbar, für Temperaturen −196 ° bis ca. 315 °C geeignet.

Übliche Handelsnamen:

1.4534 (X3CrNiMoAl13-8-2), **PH 13-8Mo**, BÖHLER N709 / 1.4534, Alloy 13-8 Mo

Äquivalente Normen und Bezeichnungen:

Deutschland: DIN EN 10088-3 1.4534 (X3CrNiMoAl13-8-2)	*UNS:*	S13800
USA: AISI	*China:*	GB
ASTM	A564, A705, F899	*Schweden:* SIS
Japan: JIS	*Russland:*	GOST
England: B.S.	*Frankreich:*	AFNOR

Richtanalyse (in Masse-%)

	C	Si	Mn	P	S	Cr	Ni	Mo	V	Sonstige
min.	-	-	-	-	0,150	12,25	7,50	2,00	-	N: ≥ 0,010
max.	0,050	0,10	0,10	0,01	0,270	13,25	8,50	2,50	-	Ti: ≤ 0,010 Al: 0,80 - 1,35

Physikalische Eigenschaften

Dichte ρ (g/cm³): 7,80

Elektrischer Widerstand R (Ω·mm²/m): 0,61

Spezifische Wärmekapazität c (J/kg·K): 500

Wärmeleitfähigkeit λ (W/m·K) bei 20 °C: 14

Magnetisierbar: vorhanden

Wärmeausdehnungskoeffizient α (10^{-6}/K):
20 bis 100 °C	10,5
20 bis 200 °C	
20 bis 300 °C	
20 bis 400 °C	
20 bis 500 °C	

Mechanische Eigenschaften bei 20 °C, ausgelagert H950

Härtbarkeit	Streckgrenze $R_{p0,2}$	Zugfestigkeit R_m	Dehnung A_5	Elastizitätsmodul E
44 HRC	1414 N/mm²	1515 N/mm²	≤ 10 %	200 kN/mm²

Thermische Behandlung:

		Abkühlung:
Warmumformen		
Lösungsglühen	910 bis 940 °C	langsame Abkühlung Ofen, Luft
Auslagern (z. B. H950)	510 °C	4 Std., Luft

Hinweis zur spanenden Bearbeitung: gut

Schweißbarkeit: gut schweißbar

Anwendungen:
Maschinenbau, Automobilindustrie, Teile für Flugzeug- und Raketenindustrie (z. B. Schrauben, Ventile, Wellen, Fahrwerksteile), Armaturen

1.4542 (X5CrNiCuNb16-4)

Nichtrostender, martensitischer ausscheidungshärtbarer Stahl mit hoher Streckgrenze, hohem Verschleißwiderstand und Korrosionsbeständigkeit in leicht sauren Medien, höhere Duktilität und Homogenität wird durch Umschmelzen (ESU) erreicht, für bis zu -196 und bis ca. 350 °C einsetzbar.

Übliche Handelsnamen:

1.4542 (X5CrNiCuNb16-4), **17-4 PH, UGIMA® 4542** (UGITECH), **ERGSTE® 1.4542GE/GG, N700** (Böhler)

Äquivalente Normen und Bezeichnungen:

Deutschland:	DIN EN 10088-3	1.4542 (X5CrNiCuNb16-4)	UNS:		S17400
USA:	AISI	630	China:	GB	
	ASTM	A564M	Schweden:	SIS	
Japan:	JIS	SUS 630	Russland:	GOST	
England:	B.S.		Frankreich:	AFNOR	Z6CNU17-04

Richtanalyse (in Masse-%)

	C	Si	Mn	P	S	Cr	Ni	Mo	V	Sonstige
min.	-	-	-	-	-	15,00	3,00	-	-	Cu: 3,00 - 5,00
max.	0,070	0,70	1,50	0,04	0,030	17,00	5,00	0,60	-	Nb: 5 x C ≤ 0,45

Physikalische Eigenschaften

Dichte ρ (g/cm³): 7,80
Elektrischer Widerstand R (Ω·mm²/m): 0,71
Spezifische Wärmekapazität c (J/kg·K): 500
Wärmeleitfähigkeit λ (W/m·K) bei 20 °C: 16
Magnetisierbar: vorhanden

Wärmeausdehnungskoeffizient α (10⁻⁶/K):
20 bis 100 °C   10,8
20 bis 200 °C   10,8
20 bis 300 °C   11,2
20 bis 400 °C   11,3
20 bis 500 °C

Mechanische Eigenschaften bei 20 °C, ausscheidungsgehärtet P1070

Härtbarkeit	Streckgrenze $R_{p0,2}$	Zugfestigkeit R_m	Dehnung A_5	Elastizitätsmodul E
ca. 40 HRC	≥ 1000 N/mm²	1070 - 1270 N/mm²	≥ 10 %	200 kN/mm²

Thermische Behandlung:

		Abkühlung:
Warmumformen	950 - 1150 °C	Luft, Wasser, Öl
Lösungsglühen	1025 bis 1055 °C	langsame Abkühlung Luft bis unter 32 °C
Auslagern (z. B. P1070)	550 °C	4 Std., Luft
Entspannungsbehandlung	250 - 300 °C	

Hinweis zur spanenden Bearbeitung: mittel bis gut

Schweißbarkeit: gut schweißbar

Anwendungen:

Maschinenbau, Luft- und Raumfahrt, Energietechnik, Mess- und Regeltechnik, Anlagenbau, chemische Industrie, Holz-, Papier-, Textil- und Erdölindustrie, Schiffbau, Offshore Technik, Sport- und Freizeitindustrie, Medizintechnik, Haushaltgeräte, Sensortechnik

1.4543 (X3CrNiCuTiNb12-9)

Nichtrostender, martensitischer Chrom-Stahl mit Nickel- und Kupferzusatz, mit hoher Korrosionsbeständigkeit und Endhärte (min 49 HRC) nach Wärmebehandlung, gut schweißbar und polierbar

Übliche Handelsnamen:

1.4543 (X3CrNiCuTiNb12-9), **Alloy 455**, **ERGSTE®** **1.4543GG**, **XM455®**, **Custom455®**, **XM16**

Äquivalente Normen und Bezeichnungen:

Deutschland:	DIN EN 10088-3 1.4543 (X3CrNiCuTiNb12-9)	*UNS:*		S45500
USA:	AISI	*China:*	GB	
	ASTM A564, F899	*Schweden:*	SIS	
Japan:	JIS	*Russland:*	GOST	
England:	B.S.	*Frankreich:*	AFNOR	

Richtanalyse (in Masse-%)

	C	Si	Mn	P	S	Cr	Ni	Mo	V	Sonstige
min.	-	-	-	-	-	11,00	7,50	-	-	Cu: 1,50 - 2,50
max.	0,030	0,50	0,50	0,02	0,015	12,50	9,50	0,50	-	Nb: 0,10 - 0,50 Ti: 0,90 -1,40

Physikalische Eigenschaften

Dichte ρ (g/cm^3): 7,78

Elektrischer Widerstand R ($\Omega \cdot$mm^2/m): 0,76

Spezifische Wärmekapazität c (J/kg·K): 450

Wärmeleitfähigkeit λ (W/m·K) bei 20 °C: 14

Magnetisierbar: vorhanden

Wärmeausdehnungskoeffizient α (10^{-6}/K):

20 bis 100 °C	10,6
20 bis 200 °C	10,9
20 bis 300 °C	11,2
20 bis 400 °C	11,6
20 bis 500 °C	12,0

Mechanische Eigenschaften bei 20 °C, ausscheidungsgehärtet H900

Härtbarkeit	Streckgrenze R$_{p0,2}$	Zugfestigkeit R$_m$	Dehnung A$_5$	Elastizitätsmodul E
40 - 49 HRC	≥ 1515 N/mm^2	≥ 1620 N/mm^2	≥ 8 %	200 kN/mm^2

Thermische Behandlung: Abkühlung:

Thermische Behandlung:		Abkühlung:
Warmumformen	900 - 1250 °C	Luft, Wasser, Öl
Lösungsglühen	810 - 850 °C	Abschrecken mit Öl
Auslagern (z. B. H900)	480 °C	4 Std.

Hinweis zur spanenden Bearbeitung: mäßig bis mittel gut

Schweißbarkeit: gut schweißbar (möglichst vor Alterung)

Anwendungen:

Medizintechnik (chirurgische Instrumente, wie Bohrer, Nadeln, Schneidwerkzeuge), Lebensmittelindustrie, Automobilbau

1.4545 (X5CrNiCu15-5-4)

Nichtrostender, martensitischer Chrom-Stahl mit Nickel- und Kupferzusatz, mit hoher Korrosionsbeständigkeit, hoher Festigkeit und Zähigkeit, mit sehr guter Schweißbarkeit, Einsatz bis ca. 315 °C

Übliche Handelsnamen:
1.4545 (X5CrNiCu15-5-4), **15-5PH®**, **BÖHLER N701**

Äquivalente Normen und Bezeichnungen:

Deutschland:	DIN EN 10088-3 1.4545 (X5CrNiCu15-5-4)		*UNS:*		S15500
USA:	AISI		*China:*	GB	
	ASTM		*Schweden:*	SIS	
Japan:	JIS	SUH1	*Russland:*	GOST	
England:	B.S.		*Frankreich:*	AFNOR	

Richtanalyse (in Masse-%)

	C	Si	Mn	P	S	Cr	Ni	Mo	V	Sonstige
min.	-	-	-	-	-	15,00	3,00	-	-	Cu: 2,50 - 4,50
max.	0,070	1,00	1,00	0,03	0,015	15,50	5,50	0,50	-	Nb+Ta: ≤ 0,45

Physikalische Eigenschaften

Dichte ρ (g/cm³): **7,78**

Elektrischer Widerstand R ($\Omega \cdot mm^2/m$): **0,98**

Spezifische Wärmekapazität c (J/kg·K): **460**

Wärmeleitfähigkeit λ (W/m·K) bei 20 °C: **16**

Magnetisierbar: **vorhanden**

Wärmeausdehnungskoeffizient α (10^{-6}/K):
20 bis 100 °C	**10,8**
20 bis 200 °C	
20 bis 300 °C	
20 bis 400 °C	
20 bis 500 °C	

Mechanische Eigenschaften bei 20 °C, ausgehärtet 480 °C

Härtbarkeit	Streckgrenze $R_{p0,2}$	Zugfestigkeit R_m	Dehnung A_5	Elastizitätsmodul E
40 - 47 HRC	≥ 1170 N/mm²	≥ 1310 N/mm²	≥ 9 %	197 kN/mm²

Thermische Behandlung:

		Abkühlung:
Warmumformen		
Lösungsglühen	1025 - 1050 °C	Luft, Öl
Aushärten (z. B. H900)	480 - 490 °C	4 Std., Luft

Hinweis zur spanenden Bearbeitung: mäßig bis mittel gut

Schweißbarkeit: gut schweißbar (möglichst vor Alterung)

Anwendungen:
Teile für Flugzeugindustrie, Pumpen und Ventile in Hochdrucksystemen, Hydraulikantriebe, generell für höchstfeste korrosionsbeständige Teile

1.4718 (X45CrSi9-3)

Nichtrostender, martensitischer Chrom-Stahl (Ventilstahl) mit guter Warmfestigkeit, zunderbeständig bis 500 °C, mit hoher Beständigkeit gegen Gleit-, Roll- und Wälzverschleiß, Prall- und Stoßverschleiß sowie gegen adhäsiven und abrasiven Verschleiß, bis ca. 600 °C einsetzbar

Übliche Handelsnamen:

1.4718 (X45CrSi9-3), Pyrodur 4718 (DEW)

Äquivalente Normen und Bezeichnungen:

Deutschland:	DIN EN 10088-3	1.4718 (X45CrSi9-3)	*UNS:*		
USA:	AISI	HNV3	*China:*	GB	
	ASTM	XM-12	*Schweden:*	SIS	
Japan:	JIS		*Russland:*	GOST	40Ch9S2
England:	B.S.	401S45	*Frankreich:*	AFNOR	Z45CS9

Richtanalyse (in Masse-%)

	C	Si	Mn	P	S	Cr	Ni	Mo	V	Sonstige
min.	0,400	2,70	-	-	-	8,00	-	-	-	-
max.	0,500	3,30	≤ 0,60	0,04	0,030	10,00	-	-	-	-

Physikalische Eigenschaften

Dichte ρ (g/cm³): 7,7

Elektrischer Widerstand R (Ω·mm²/m): 0,9

Spezifische Wärmekapazität c (J/kg·K): 500

Wärmeleitfähigkeit λ (W/m·K) bei 20 °C: 21

Magnetisierbar: vorhanden

Wärmeausdehnungskoeffizient α (10^{-6}/K):

20 bis 100 °C	10,9
20 bis 200 °C	11,2
20 bis 300 °C	11,5
20 bis 400 °C	11,8
20 bis 500 °C	

Mechanische Eigenschaften bei 20 °C, vergütet (nach DIN EN 10090)

Härtbarkeit	Streckgrenze $R_{p0,2}$	Zugfestigkeit R_m	Dehnung A_5	Elastizitätsmodul E
bis 1300 N/mm²	≥ 700 N/mm²	900 - 1100 N/mm²	≥ 14 %	210 kN/mm²

Thermische Behandlung:		Abkühlung:
Warmumformen	900 - 1100 °C	Ofen, langsame Abkühlung
Härten	1000 - 1050 °C	Luft, Öl
Anlassen	720 - 820 °C	Wasser, Luft
Spannungsarmglühen	650 °C	Luft

Hinweis zur spanenden Bearbeitung: mäßig bis mittel (spannungsrissempfindlich!)

Schweißbarkeit: gut schweißbar

Anwendungen:
Ventile wegen guter Korrosionsbeständigkeit in Autoabgasen, Werkzeuge (Schnitt-, Zieh-, Biegepresswerkzeuge)

1.4903 (X10CrMoVNb9-1)

Nichtrostender, martensitischer hochwarmfester Stahl mit guten mechanischen Eigenschaften unter Langzeitbedingungen (Zeitdehngrenze und Zeitstandfestigkeit) bei Temperaturen über 500 °C (max. 650 °C)

Übliche Handelsnamen:

1.4903 (X10CrMoVNb-1), **Pyrodur 4903** (DEW),

Äquivalente Normen und Bezeichnungen:

Deutschland:	DIN EN 10088-3 1.4903 (X10CrMoVNb9-1)		*UNS:*		K90901
USA:	AISI	F91	*China:*	GB	
	ASTM		*Schweden:*	SIS	
Japan:	JIS		*Russland:*	GOST	
England:	B.S.		*Frankreich:*	AFNOR	

Richtanalyse (in Masse-%)

	C	Si	Mn	P	S	Cr	Ni	Mo	V	Sonstige
min.	0,080	-	0,30	-	-	8,00	-	0,85	0,18	Nb: 0,06 - 0,10
max.	0,120	0,50	0,60	0,03	0,015	9,50	0,40	1,05	0,25	N: 0,03 - 0,07 Al: ≤ 0,04

Physikalische Eigenschaften

Dichte ρ (g/cm³): **7,7**

Elektrischer Widerstand R ($\Omega \cdot mm^2/m$): **0,5**

Spezifische Wärmekapazität c (J/kg·K): **430**

Wärmeleitfähigkeit λ (W/m·K) bei 20 °C: **26**

Magnetisierbar: **vorhanden**

Wärmeausdehnungskoeffizient α (10^{-6}/K):

20 bis 100 °C	**10,7**
20 bis 200 °C	**11,1**
20 bis 300 °C	**11,5**
20 bis 400 °C	**11,9**
20 bis 500 °C	**12,3**

Mechanische Eigenschaften bei 20 °C, vergütet (nach DIN EN 10222-2)

Härtbarkeit	Streckgrenze $R_{p0,2}$	Zugfestigkeit R_m	Dehnung A_5	Elastizitätsmodul E
	≥ 450 N/mm²	630 - 730 N/mm²	≥ 19 %	217 kN/mm²

Thermische Behandlung:

		Abkühlung:
Warmumformen	850 - 1100 °C	Luft
Härten	1040 - 1090 °C	Öl, Polymer, Luft
Anlassen	730 - 780 °C	Ofen, Luft

Hinweis zur spanenden Bearbeitung: gut spanbar

Schweißbarkeit: gut schweißbar

Anwendungen:

Druckbehälter, Dampfkessel, Heißdampfarmaturen, nahtlose Rohre, Apparatebau, Nukleartechnik

1.4913 (X19CrMoNbVN11-1)

Nichtrostender, martensitischer hochwarmfester Stahl, legiert mit Bor und Stickstoff, dadurch sehr gute Zeitstands- und Festigkeitseigenschaften sowie gute Korrosionsbeständigkeit bis 600 °C (Dauerbetrieb bis 580 °C)

Übliche Handelsnamen:

1.4913 (X19CrMoNbVN11-1), **Böhler T560 EXTRA**

Äquivalente Normen und Bezeichnungen:

Deutschland:	DIN EN 10088-3 1.4913 (X19CrMoNbVN11-1)	*UNS:*		
USA:	AISI	*China:*	GB	
	ASTM	*Schweden:*	SIS	
Japan:	JIS	~ SUH 600	*Russland:*	GOST
England:	B.S.	~ S150	*Frankreich:*	AFNOR ~ Z20CDNbV11

Richtanalyse (in Masse-%)

	C	Si	Mn	P	S	Cr	Ni	Mo	V	Sonstige
min.	0,170	-	0,40	-	-	10,00	0,20	0,50	0,10	Nb: 0,25 - 0,55
max.	0,230	0,50	0,90	0,03	0,015	11,50	0,60	0,80	0,30	N: 0,05 - 0,10 B: ≤ 0,0015

Physikalische Eigenschaften

Dichte ρ (g/cm³):

Elektrischer Widerstand R (Ω·mm²/m):

Spezifische Wärmekapazität c (J/kg·K):

Wärmeleitfähigkeit λ (W/m·K) bei 20 °C:

Magnetisierbar: vorhanden

Wärmeausdehnungskoeffizient α (10⁻⁶/K):
20 bis 100 °C
20 bis 200 °C
20 bis 300 °C
20 bis 400 °C
20 bis 500 °C

Mechanische Eigenschaften bei 20 °C, vergütet (nach DIN EN 10269)

Härtbarkeit	Streckgrenze $R_{p0,2}$	Zugfestigkeit R_m	Dehnung A_5	Elastizitätsmodul E
	≥ 750 N/mm²	900 - 1050 N/mm²	≥ 12 %	

Thermische Behandlung: / Abkühlung:

Thermische Behandlung:		Abkühlung:
Warmumformen	850 - 1100 °C	Luft
Härten	1100 - 1130 °C	Öl, Polymer, Luft
Anlassen	670 - 720 °C	min. 2 h, Luft
Spannungsarmglühen	630 - 710 °C	Luft

Hinweis zur spanenden Bearbeitung: mittelmäßig

Schweißbarkeit: schweißbar (eingeschränkt)

Anwendungen:
Befestigungselemente, hochwarmfeste Schrauben, Turbinenschaufeln, Turbinenscheiben, Dampfventile

1.4922 (X20CrMoV12-1)

Nichtrostender, martensitischer hochwarmfester Stahl mit Molybdänzusatz (ähnlich: 1.4923 – X22CrMoV12-1), wegen des relativ niedrigen Chromgehalts ist Korrosionsbeständigkeit begrenzt, zufriedenstellend in natürlichen Umweltmedien (Wasser, ländliche und städtische Atmosphären), Vanadiumgehalt verbessert die Zeitstandfestigkeit, Einsatz zwischen -10 bis 600 °C

Übliche Handelsnamen:

1.4922 (X20CrMoV12-1)

Äquivalente Normen und Bezeichnungen:

Deutschland: DIN EN 10088-3 1.4922 (X20CrMoV12-1)	*UNS:*	
USA: AISI	*China:*	GB
ASTM	*Schweden:*	SIS
Japan: JIS	*Russland:*	GOST
England: B.S.	*Frankreich:*	AFNOR

Richtanalyse (in Masse-%)

	C	Si	Mn	P	S	Cr	Ni	Mo	V	Sonstige
min.	0,170	-	0,30	-	-	10,00	0,30	0,80	0,20	-
max.	0,230	0,40	1,00	0,03	0,015	12,50	0,80	1,20	0,35	-

Physikalische Eigenschaften

Dichte ρ (g/cm³): **7,7**

Elektrischer Widerstand R ($\Omega \cdot mm^2/m$): **0,6**

Spezifische Wärmekapazität c (J/kg·K): **460**

Wärmeleitfähigkeit λ (W/m·K) bei 20 °C: **27**

Magnetisierbar: vorhanden

Wärmeausdehnungskoeffizient α (10^{-6}/K):
20 bis 100 °C
20 bis 200 °C
20 bis 300 °C
20 bis 400 °C
20 bis 500 °C

Mechanische Eigenschaften bei 20 °C, vergütet

Härtbarkeit	Streckgrenze $R_{p0,2}$	Zugfestigkeit R_m	Dehnung A_5	Elastizitätsmodul E
	≥ 490 N/mm²	690 - 950 N/mm²	≥ 16 %	200 kN/mm²

Thermische Behandlung: Abkühlung:

Thermische Behandlung:		Abkühlung:
Warmumformen	850 - 1100 °C	Luft
Härten	1020 - 1070 °C	Öl, Luft
Anlassen	640 - 740 °C	Luft
Weichglühen	750 - 780 °C	Luft

Hinweis zur spanenden Bearbeitung: mittelmäßig

Schweißbarkeit: gut schweißbar mit gängigen Verfahren

Anwendungen:

Kraftanlagenbau, Maschinenbau, Energieerzeugung, chemische Industrie (Bauteile mit hoher Warmfestigkeit für Rohrleitungen, Turbinen- und Dampfkesselbau), Reaktortechnik, Luft- und Raumfahrt

1.4923 (X22CrMoV12-1)

Nichtrostender, martensitischer hochwarmfester Stahl mit Molybdänzusatz (ähnlich: 1.4922 – X20CrMoV12-1), zunderbeständig bis 600 °C, Vanadium verbessert Zeitstandfestigkeit, Korrosionsbeständigkeit gegenüber Wasserdampf (chloridfrei und ohne Salzkonzentration) ist zufriedenstellend, Standardstahl für Dampfturbinen und hochwarmfeste Schrauben

Übliche Handelsnamen:

1.4923 (X22CrMoV12-1)

Äquivalente Normen und Bezeichnungen:

Deutschland: DIN EN 10088-3 1.4923 (X22CrMoV12-1)	*UNS:*	
USA: AISI	*China:*	GB
ASTM	*Schweden:*	SIS
Japan: JIS	*Russland:*	GOST
England: B.S.	*Frankreich:*	AFNOR

Richtanalyse (in Masse-%)

	C	Si	Mn	P	S	Cr	Ni	Mo	V	Sonstige
min.	0,180	-	0,40	-	-	11,00	0,30	0,80	0,20	-
max.	0,240	0,50	0,90	0,03	0,015	12,50	0,80	1,20	0,35	-

Physikalische Eigenschaften

Dichte ρ (g/cm^3): 7,7

Elektrischer Widerstand R (Ω·mm^2/m): 0,6

Spezifische Wärmekapazität c (J/kg·K): 460

Wärmeleitfähigkeit λ (W/m·K) bei 20 °C: 27

Magnetisierbar: vorhanden

Wärmeausdehnungskoeffizient α (10^{-6}/K):

20 bis 100 °C	**10,5**
20 bis 200 °C	**11,0**
20 bis 300 °C	**11,5**
20 bis 400 °C	**12,0**
20 bis 500 °C	**12,3**

Mechanische Eigenschaften bei 20 °C, vergütet QT 900

Härtbarkeit	Streckgrenze $R_{p0,2}$	Zugfestigkeit R_m	Dehnung A_5	Elastizitätsmodul E
	≥ 700 N/mm^2	900 - 1050 N/mm^2	≥ 11 %	200 kN/mm^2

Thermische Behandlung:

Warmumformen	950 - 1180 °C	langsam im Ofen oder in trockenen Aschen
Härten	1020 - 1070 °C	Öl, Polymer, Luft
Anlassen	640 - 740 °C	Luft
Spannungsarmglühen	600 - 680 °C	Luft

Spalte rechts: **Abkühlung:**

Hinweis zur spanenden Bearbeitung:

spanbar (ähnlich spanbar wie vergleichbare Baustähle)

Schweißbarkeit:

gut schweißbar mit gängigen Verfahren

Anwendungen:

Kraftanlagenbau, Maschinenbau, Energieerzeugung, chemische Industrie (Bauteile mit hoher Warmfestigkeit für Rohrleitungen, Turbinen- und Dampfkesselbau), Reaktortechnik, Luft- und Raumfahrt, hochwarmfeste Schrauben und Wellen

Was Sie aus diesem *essential* mitnehmen können

- Interessantes aus der Entstehungsgeschichte der nichtrostenden martensitischen Stähle im Kontext mit der Entwicklung der Gruppe der korrosionsbeständigen Stähle
- Erläuterungen zu den in der Praxis genutzten nichtrostenden martensitischen Stählen, strukturiert nach Sorten, chemischen Zusammensetzungen, Gefügen und Eigenschaften
- Kurzbeschreibung der Herstellung und Wärmebehandlung
- Hinweise zu Anwendungen von nichtrostenden martensitischen Stählen
- Überblick zu Werkstoffdaten für ausgewählte nichtrostende martensitische Stähle

Literatur

Berns, H. (2002). *Die Geschichte des Härtens*, ISBN 978-3-033-03889-9, im Auftrag der Härterei Gerster AG, CH.

Burghardt, H., & Neuhof, G. (1982). *Stahlerzeugung*. VEB Deutscher Verlag für Grundstoffindustrie.

Hamano, S., Shimizu, T., & Noda, T. (2007). *Properties of low carbon high nitrogen martensitic stainless steels*. Materials Science Forum, 539–543, 4975–4980.

IMOA/ISER-Dokumentation. (2022). *Verarbeitung austenitischer nichtrostender Stähle – Ein praktischer Leitfaden*, ISBN 978-1-907470-14-1.

ISER/ISSF-Publikation. (2021). *Martensitische nichtrostende Stähle*. Dokumentation – 1. deutschsprachige Auflage, International Stainless Steel Forum, Herausgeber: Edelstahl Rostfrei, Düsseldorf.

Langehenke, H. (2007). *Werkstoff-Kurznamen und Werkstoff-Nummern für Eisenwerkstoffe: DIN-Normenheft 3 DIN-Normen und Werkstoffblätter Querverweislisten*. Taschenbuch, Beuth.

Pitsch, W. (1976). *Martensitumwandlung Grundlagen der Wärmebehandlung von Stahl* (S. 79–91). Verlag Stahleisen.

Schlegel, J. (2021). *Die Welt des Stahls*. ISBN 978-3-658-33915-9, Springer.

Singh, S., & Nanda, T. (October 2013). *Effect of alloying and heat treatment on the properties of super martensitic stainless steels*. International Journal of Engineering Technology and Scientific Research, 1, 6.

Wegst, M., & Wegst, C. (2019). *Stahlschlüssel-Taschenbuch*. Verlag Stahlschlüssel Wegst GmbH.

Weißbach, W. (2012). *Werkstoffkunde: Strukturen, Eigenschaften, Prüfung*. (18. Aufl.). Vieweg + Teubner.

Wendl, F. (1985). *Einfluss der Fertigung auf Gefüge und Zähigkeit von Warmarbeitsstählen mit 5 % Chrom*. Fortschr.-Ber. VDI Reihe 5, Nr. 91, VDI-Verlag. Düsseldorf. Dissertation, Institut für Werkstoffe, Ruhr-Universität Bochum.

© Der/die Herausgeber bzw. der/die Autor(en), exklusiv lizenziert an Springer Fachmedien Wiesbaden GmbH, ein Teil von Springer Nature 2024
J. Schlegel, *Nichtrostender martensitischer Stahl*, essentials,
https://doi.org/10.1007/978-3-658-44270-5

Printed in the United States
by Baker & Taylor Publisher Services